Auslandswegweiser

Herausgegeben von der

Zentralstelle des Hamburgischen Kolonialinstituts (Weltwirtschaftsarchiv) und dem Ibero-amerikanischen Institut

1. Band

ARGENTINIEN

von

Dr. B. Stichel

Schriftleiter am »Wirtschaftsdienst«

Mit 1 Übersichtskarte

Hamburg

L. Friederichsen & Co.

1919

Druck von J. J. Augustin in Glückstadt und Hamburg.

Geleitwort

Der für unser hartgeprüftes Vaterland so unglückliche Ausgang des Weltkrieges hat auch unsere Bevölkerungspolitik vor neue Aufgaben gestellt. Nach den Berechnungen des Leiters des Reichsamtes für deutsche Einwanderung, Rückwanderung und Auswanderung (Reichswanderungsamt) Geheimen Oberregierungsrates Dr. Jung („Der Tag" 11. 3. 19) ergibt sich in Deutschland schätzungsweise ein Überschuß von zusammen etwa 2 Millionen Arbeitskräften für die nächsten zehn Jahre. Die bisher größte Auswanderungszahl des Jahres 1882 mit 221 000 Menschen dürfte aller Wahrscheinlichkeit nach übertroffen werden. Der Abfluß dieser gewaltigen Massen wird eine wirtschaftliche Notwendigkeit sein. Dafür Sorge zu tragen, daß sie nicht wie seelenlose Waren in das Ausland strömen und nur als wirtschaftliche Faktoren, als tote Zahlen in Rechnung gestellt werden, hat sich das Reichswanderungsamt zur dankenswerten Aufgabe gestellt. Mit Recht fordert Jung die Wahrung der wirtschaftlichen und sozialen Interessen der Auswanderer im Einwanderungslande bei der Abschließung des Arbeitsvertrages, ferner daß dafür gesorgt wird, unsere Landsleute in den Ausschiffungshäfen zu beraten und zu unterstützen, und daß tatkräftiger als früher für die Erhaltung deutscher Art und Sprache eingetreten wird, damit der Auswanderer in der Fremde nicht dem deutschen Volkstum verloren geht.

Die sachgemäße Beratung der Auswanderungslustigen wird ebenfalls zu den Aufgaben des Reiches gehören. Diese zu unterstützen beabsichtigen die „Auslandswegweiser" der Zentralstelle des Hamburgischen Kolonialinstituts (Weltwirtschaftsarchiv) und des Ibero-amerikanischen Instituts. Auf Grund einwandfreien Materials soll darin über die wichtigsten für die deutsche Auswanderung in Betracht kommenden Länder möglichst alles enthalten sein, was diejenigen, die durch die Not der Zeit gezwungen werden, die Heimat zu verlassen und den Kampf um das Dasein im Auslande aufzunehmen, wissen müssen, bevor sie ihre folgenschwere Entscheidung treffen.

Der vorliegende erste Band der Sammlung soll die notwendige Aufklärung über eines der für die deutsche Auswanderung besonders in Betracht kommenden Länder bieten. Argentinien ist in starker wirtschaftlicher Entwicklung begriffen, von einer bedeutenden Aufnahmefähigkeit und scheint für den deutschen Auswanderer gute Möglichkeiten zu bieten. Ebenso wie in anderen Ländern wird jedoch auch dort dem Auswanderer nur harte Arbeit ein Vorwärtskommen ermöglichen. Ein Eldorado wird er auch dort vergeblich suchen.

Daher muß jedem, der die alte Heimat zu verlassen gedenkt, ob er sich nun nach Argentinien oder einem anderen Auswanderungsziele wendet, an das Herz gelegt werden, zu prüfen, ob die Notwendigkeit, den angestammten Boden zu verlassen, unabweisbar ist, ob nicht deutsches Landgebiet ihm noch Siedelungsmöglichkeit bietet, und ob er sich stark genug fühlt, den Kampf um das Dasein auf fremder Erde, unter fremden Menschen, deren Sprache, Sitten und Gebräuche von den seinen so verschieden sind, aufzunehmen.

Hamburg, im Mai 1919.

Dr. F. Stuhlmann,
Geh. Reg.-Rat.

Dr. B. Schädel,
o. Professor an der Hamburgischen Universität.

Vorwort

Fragen nach den Möglichkeiten, die Argentinien dem Auswanderungslustigen bietet, werden oft gestellt und zeigen, wie lebhaft das Interesse weiter Kreise an diesem Lande ist, dessen Name allmählich zu einem Sinnbild des wirtschaftlichen Fortschritts wird und in der ganzen Welt an Wertschätzung ständig gewinnt.

Die Beantwortung dieser Fragen macht sich die vorliegende Schrift zum Gegenstand, indem sie nach einer Schilderung der allgemeinen Verhältnisse auf die Aussichten eingeht, die sich dem Unternehmer, dem Arbeiter und den Angehörigen verschiedener Berufe in der argentinischen Republik bieten.

Der Möglichkeit, die reichen Sammlungen der Archive der Zentralstelle des Hamburgischen Kolonialinstituts, mit denen ihr Gründer und Leiter, Herr Geheimrat Professor Dr. Franz Stuhlmann eine Informationsquelle von wahrhaft weltwirtschaftlicher Bedeutung geschaffen hat, und weiter das Material des unter der Leitung von Herrn Professor Dr. Bernhard Schädel stehenden Ibero-amerikanischen Instituts in Hamburg zu benutzen, sowie vor allem der liebenswürdigen Unterstützung von Herrn Christian Sommer, Generalkonsul der argentinischen Republik für Deutschland in Hamburg, verdanke ich die Erleichterung der Aufgabe.

Soweit nur irgend möglich, wurden die neuesten verfügbaren Angaben verwandt, so daß die Schrift sich bemüht zu schildern, welches die Aussichten sind, die Argentinien gegenwärtig bietet. Die Möglichkeiten zu erfassen, sie sich zu eigen zu machen, daran teilzunehmen, ist Sache des pulsierenden Lebens, des Mutes, der Unternehmungslust, des Arbeitswillens und der Arbeitskraft.

Hamburg, im Januar 1919.

Stichel

Inhalt

Abkürzungen

$ m/n = Peso moneda nacional = Papierpeso
$ o/s = Peso oro sellado = Goldpeso
ct = Centavo
Cia. = Compañía = Gesellschaft
S. A. = Sociedad anónima = Aktiengesellschaft
F. C. = Ferrocarril = Eisenbahn

Maße und Gewichte

Neben dem gesetzlich eingeführten metrischen System bestehen noch ältere spanische und argentinische Bezeichnungen, besonders in den Provinzen.

Neue Bezeichnung	Alte Bezeichnung
Längenmaße	
1 legua = 5 km	1 legua = 6000 varas = 5196 m 1 cuadra = 150 varas = 129,9 m 1 vara = 0,866 m
Flächenmaße	
1 legua cuadrada, kurz auch legua genannt, besonders in den Nationalterritorien = 2500 ha = 25 qkm	1 legua cuadrada = 2699, 89 ha in den Provinzen Buenos Aires, Santa Fé und Entre Ríos 1 cuadra cuadrada = 1,69 ha 1 vara cuadrada = 0,75 qm
Hohlmaße	
1 hectólitro = 1 hcl = 100 l	1 pipa = 4,56 hcl 1 fanega = 1,372 hcl 1 galón = 3,8 l 1 frasco = 2,38 l
Gewichte	
1 tonelada métrica = 1000 kg	1 tonelada = 982 kg 1 quintal = 45,94 kg 1 arroba = 11,485 kg 1 libra = 0,459 kg

Überblick über die argentinische Republik

Das Schlagwort von den „unbegrenzten Möglichkeiten" ist im Anfang dieses Jahrhunderts auf das Wirtschaftsleben der Vereinigten Staaten von Amerika gemünzt worden. Der es erfand und die es anwandten, glaubten damit vor allem die Ausdehnungsmöglichkeit der von Osten nach Westen fortschreitenden Landwirtschaft der Union zu bewerten, deren jungfräulichem Neulande in absehbarer Zeit keine Schranken gezogen zu sein schienen. Schneller jedoch als man ahnen durfte, kam der Tag, der zeigte, daß jene „unlimited possibilities" ihre Grenze gefunden haben. Die Vereinigten Staaten sind nicht mehr das Land der Zukunft, sondern einer großen Gegenwart. Andere Länder, wenn auch weniger riesenhaft, weniger entwicklungsfähig, sind in die Fußstapfen der Union getreten, deren Wirtschaftsleben von Tag zu Tag gesättigter und intensiver wird. Wenige unter ihnen zeigen so große wirtschaftliche Zukunftsmöglichkeiten wie die argentinische Republik, das Gegenstück der Union auf der südlichen Halbkugel.

Argentinien erstreckt sich ungefähr vom 22° bis zum 56° südlicher Breite über den größten Teil der Südspitze des amerikanischen Kontinents und würde, auf der nördlichen Erdhälfte liegend, von der Ostsee bis in das Herz der Saharawüste reichen. Sein Flächeninhalt von beinahe 3 Mill. qkm ist ungefähr zehnmal so groß als der Großbritanniens, sechsmal so groß als der Frankreichs und über fünfmal so groß als der Deutschlands. Im Norden sind der Republik benachbart die Freistaaten Bolivien, Paraguay und Brasilien, im Osten grenzt sie an Paraguay, Brasilien und Uruguay, das Ufer des La Platastromes und den Atlantischen Ozean. Im Süden bildet chilenisches Gebiet und die Stelle des Zusammenflusses des Stillen und Atlantischen Ozeans die Landesgrenze, während im Westen jenseits der Cordilleren Chile liegt.

Die Hochgebirgswelt der Cordilleren sowie die den Anden besonders im Norden vorgelagerten Gebirgszüge und Hochebenen beherrschen, ein Viertel der Gesamtfläche des Landes einnehmend, den Westen; den Rest bildet eine durch verschiedene Gebirgszüge und Hügelländer stellenweise unterbrochene gewaltige Ebene, die von den Füßen der Gebirgswelt über den Paranáfluß hinaus bis zum Uruguay und der langausgedehnten atlantischen Küste sich erstreckt. Dieser Osten Argentiniens läßt vier verschiedene Teile erkennen: das argentinische Mesopotamien zwischen den

Flüssen Paraná und Uruguay, das nur im Nordosten, in den Sierras von Misiones, größere Erhebungen zeigt, im übrigen jedoch nur leicht gewellt ist; die nördliche Ebene im Westen des Paraná-Paraguayflusses, die den Nordosten Argentiniens bis an das mittlere und nördliche Gebirgssystem ausfüllt; die Pampa, die als gewaltige, nur im Südosten von bedeutenderen Erhebungen unterbrochene Ebene den mittleren Teil des argentinischen Ostens einnimmt und daran anschließend die patagonische Zone, die, vom Río Colorado bis zum Kap Horn reichend, den Rest bis zur Magellanstraße bildet.

Außer den Cordilleren, deren System von Süden nach Norden zu sowohl an Höhe als Breite zunimmt, deren gewaltige, mit dem Aconcagua bis zu mehr als 7000 m über dem Meeresspiegel aufsteigende schwarze Mauer von ewigem Schnee gekrönt ist, und den ihnen besonders im Nordwesten vorgelagerten Gebirgszügen, von denen der bedeutendste der des Aconquija ist, sind an Gebirgen noch zu nennen die Sierras von Córdoba, die Höhenzüge im Südosten der Pampa, im Süden Patagoniens und im Nordosten des argentinischen Mesopotamiens.

Fünf Stromgebiete lassen sich deutlich unterscheiden. Das weitaus gewaltigste des Río de la Plata, der in einem Laufe von 180 km sich von 40 bis 350 km Breite an der gleichnamigen Mündung in den Atlantischen Ozean erweitert, gebildet von dem Paranáfluß mit dem Paraguay und dessen Nebenflüssen Bermejo und Pilcomayo sowie dem Uruguayflusse; ferner das weniger bedeutende Zentralsystem, dessen Flüsse Primero, Segundo, Tercero, Quarto und Quinto ihren Ursprung in den Sierras der zentralen Gebirge nehmen und dem Paraná entgegenfließen, ohne ihn jedoch — der Tercero ausgenommen — zu erreichen; das Cordillerensystem der aus den Anden entspringenden Flüsse Colorado, Catamarca, Bermejo, San Juan, Mendoza, Tunuyán, Diamante, Atuel und Desaguadero, die sich alle samt ihren Nebenflüssen in Sümpfen und Lagunen der Ebene verlieren, ohne den La Platastrom oder den Atlantischen Ozean zu erreichen; das System der Ebene, unter dem die Flüsse im Süden der Provinz Buenos Aires zusammengefaßt werden und weiter das patagonische oder auch atlantische genannte System, dessen Flußläufe ebenfalls in den Anden entspringen, jedoch bis zum Atlantik gelangen, nämlich die Flüsse Colorado, Negro, Chubut, Deseado, Santa Cruz und Gallegos, von denen der Río Negro der bedeutendste ist.

Eingeteilt wird das Gebiet der Republik in den Bezirk der Hauptstadt Buenos Aires und vierzehn Provinzen, nämlich die Küstenprovinzen, die am Atlantischen Ozean oder im Bereiche des La Platastromes und seiner mächtigen Nebenflüsse liegen: Buenos-Aires, Santa Fé, Entre Ríos und Corrientes; die zentralen Provinzen Córdoba, Santiago del Estero, San Luis und Tucumán, die längs der Cordilleren gelagerten Andenprovinzen Mendoza,

San Juan, La Rioja und Catamarca und die nördlichen Provinzen Salta und Jujuy sowie in die Nationalterritorien, von denen sich Misiones, Chaco und Formosa im Norden an die litoralen Provinzen anschließen, Los Andes zwischen den Provinzen Jujuy, Salta und Catamarca liegt, während das Territorium Pampa Central die Fortsetzung der Provinz Buenos Aires nach Westen bildet und das Territorium Neuquén sich südlich an die Andenprovinzen anschließt. Die Territorien Río Negro, Chubut, Santa Cruz und Feuerland nehmen den restlichen Teil der Republik im Süden ein und werden einschließlich Neuquéns unter der Bezeichnung Patagonien zusammengefaßt.

Daß bei einer derart großen Nord-Südausdehnung, wie sie Argentinien über 33 Breitengrade aufweist, und angesichts der Verschiedenheit der Höhenlagen der einzelnen Landesteile, der ungleichen Verteilung der Wasserläufe und der Verschiedenheit der auftretenden Winde von einheitlichen klimatischen Verhältnissen nicht die Rede sein kann, sondern alle nur denkbaren Schattierungen zwischen kalt und subtropisch, zwischen trocken und niederschlagsreich zu verzeichnen sind, ist verständlich. Der weitaus größte Teil des Landes liegt in der gemäßigten Zone und entspricht der Lage nach Südeuropa auf der nördlichen Erdhälfte; nur der Norden ragt in subtropisches Gebiet hinein. Im Durchschnitt ist das Klima trocken und warm. Die Temperatur fällt von Norden nach Süden. Die Regenfälle nehmen vom Küstengebiet nach den Cordilleren zu ab.

In der Küstenzone beträgt die mittlere Temperatur im Sommer ungefähr 25°, im Herbst 18°, im Winter 12° und im Frühjahr 17° Celsius. Die Temperatur steigt ausnahmsweise auf 42° und fällt bis zu 5° unter Null. In der Hauptstadt Buenos Aires beträgt die Temperatur im Durchschnitt 16,8°, die höchste 39,5°, die niedrigste — 3,4° Celsius. Das Küstengebiet ist häufig auftretenden Winden ausgesetzt, die oft sehr stark wehen und einen plötzlichen Temperaturwechsel mit sich bringen. Die Nord- und Nordostwinde sind heiß und unangenehm, der aus dem Südwesten wehende, „pampero" genannte Wind ist kühl, trocken und schneidend. Er währt meist nur einige Stunden und erreicht oft eine außerordentliche Stärke. Die ebenfalls kühlen Süd- und Südostwinde, die gewöhnlich von starken Regenfällen begleitet im Mai und Oktober auftreten, dauern meist tagelang an. Schnee ist sehr selten. Die Niederschlagsmenge schwankt zwischen 865 und 1440 mm im Jahresdurchschnitt.

In der mittleren Zone ist die Temperatur in der heißen Jahreszeit höher als im Küstengebiet und erreicht 40° Celsius. Der Winter ist kälter und weist Fröste auf. Mit Ausnahme der gebirgigen Teile von Córdoba und San Luis, wo besonders im Frühjahr Niederschläge häufig sind, ist das Klima der mittleren Zone trockener als das der Küstenprovinzen.

In den Andenprovinzen wechselt das Klima je nach der Höhenlage der einzelnen Teile stark. Durchweg ist es sehr trocken. In einigen Teilen bleiben Niederschläge monatelang aus. Der „zonda" genannte heiße Wind, der vielfach Staubwolken mit sich führt, ist dort unangenehm.

Auch der Osten Patagoniens, dessen Klima dem Deutschlands ähnelt, ist ziemlich arm an Niederschlägen; im Sommer ist die Temperatur dort etwas niedriger als im Küstengebiet; der Winter ist kälter, Schneefälle und Fröste mehren sich nach dem Süden zu. Der Westen ist regenreich.

Feuerland hat ein dem norwegischen ähnliches Klima. Dort ist die Niederschlagsmenge sehr hoch.

Im allgemeinen kann das Klima Argentiniens, abgesehen von einem „chucho" genannten Fieber, einer Art leichter Malaria, das in den Provinzen Salta und Tucumán auftritt, und abgesehen von Temperaturschwankungen, die oft plötzlich eintreten, als durchaus gesund und für den Europäer als sehr zuträglich bezeichnet werden. Der Wurmkrankheit (Ankylostomiasis) wegen müssen es die Landbewohner vermeiden, mit bloßen Füßen zu gehen.

Die Jahreszeiten sind denen auf der nördlichen Erdhälfte entgegengesetzt. Die Monate Oktober bis März bilden die warme Jahreszeit, der Herbst fällt in den April und Mai, während in die Monate Juni bis August der Winter, in die Monate September und Oktober der Frühling fällt.

Vom Standpunkt der wirtschaftlichen Nutzung aus lassen sich vier Zonen unterscheiden: Die nördliche, zum größten Teil subtropische, bestehend aus den Provinzen Jujuy, Salta, Tucumán, Santiago del Estero, Corrientes und den Nationalterritorien Los Andes, Formosa, Chaco und Misiones. Die Haupterzeugnisse dieser 88 Mill. ha großen Zone sind Zuckerrohr, yerba maté, Baumwolle, Reis, Tabak, Wein und Früchte. Riesige Waldbestände mit wertvollen Hölzern, besonders mit quebracho, finden sich vor allem im Chacogebiet. Viehzucht wird besonders in Corrientes betrieben. Südwestlich dieser Zone schließt sich die Weingegend an, die von den Andenprovinzen Mendoza, San Juan, La Rioja, Catamarca und Salta und einem Teil von San Luis gebildet wird, in der neben dem Obstbau und der Viehzucht Weinbau und Weinindustrie die wichtigsten Wirtschaftszweige bilden. Südlich der subtropischen Zone dehnt sich die ca. 80 Mill. ha große Getreidegegend aus, die aus den Provinzen Buenos Aires, Córdoba, Entre Ríos, einem Teil von San Luis und dem Territorium Pampa Central besteht. Auf ihren fruchtbaren Ebenen gedeihen alle Getreidearten und der Lein ausgezeichnet; sie bieten der Viehzucht beste Bedingungen. In Patagonien, dessen Flächeninhalt ca. 86 Mill. ha zählt, und dem Territorium Feuerland wird Schafzucht und daneben Getreide- und stellenweise Obstbau betrieben.

Argentiniens wirtschaftliche Kräfte und ihre Entwicklung

Seine wirtschaftliche Entwicklung hat Argentinien der starken Erzeugerkraft seines Bodens zu danken. Von den 300 Mill. ha des Flächeninhalts der Republik eignen sich 100 Mill. unmittelbar für die ackerbauliche Nutzung. 100 Mill. sind in ihrem gegenwärtigen Zustand der Viehzucht dienstbar zu machen. 100 Mill. ha ungefähr sind von den Wäldern, Seen, Salinen und Ödflächen bedeckt. Große Be- und Entwässerungsanlagen, wie sie in den Provinzen Córdoba und Salta sowie in den Territorien Neuquén und Río Negro teils vollendet sind, teils sich im Bau befinden, werden das zur Kultur geeignete Areal beträchtlich vergrößern und weite Gebiete von der Gunst und Ungunst der Niederschläge unabhängig machen.

1875 waren von der für den Ackerbau geeigneten Fläche ca. 600000 ha unter Kultur genommen. 1895 waren es ca. 5 Mill. has 1905: 12, 1908: 17, 1911: 20,5 und 1914: 24,3 Mill. ha und jede- Jahr bringt eine Steigerung der Anbaufläche, von der der weit, aus größte Teil auf Weizen, Leinsaat, Mais, Luzerne, Hafer, der kleinere auf andere Kulturen, wie Zucker, Wein, Tabak, Baumwolle usw. entfällt.

Nicht ganz so stark entwickelte sich der Viehbestand, wie folgende Zahlen zeigen:

	1895	1908	1918
Rinder	21 700 000	29 100 000	30 800 000
Pferde	4 400 000	7 500 000	9 400 000
Maulesel	286 000	465 000	584 000
Esel	198 000	285 000	345 000
Schafe	74 400 000	67 400 000	81 500 000
Ziegen	2 750 000	3 900 000	4 600 000
Schweine	653 000	1 400 000	3 200 000

Auf der Entwicklung dieser beiden Faktoren Ackerbau und Viehzucht beruht das Wirtschaftsleben des Landes.

In letzter Zeit ist Argentinien noch zur verstärkten Ausbeute einiger Bodenschätze, vor allem des Petroleums, geschritten. Stark entwickelt hat sich auch die Forstnutzung, weniger die Ausbeute der Fischbestände.

Die Industrie steckt jedoch erst in den Kinderschuhen, da es dem Lande sowohl an Kohle als auch an Erz fehlt. An dieser Stelle hört auch die Parallele mit der großen Schwester im Norden, der amerikanischen Union, auf. Ohne Kohlen und Erze kann ein Land nie zu einer wirtschaftlichen Weltmacht emporsteigen. Vielleicht liegt darin aber auch wieder ein Vorteil: die große Industrie, die Millionen von Arbeitshänden in den Dienst des Kapitals stellt, ist der Boden, auf dem wie auf keinem anderen soziale Gegensätze gedeihen, auf dem wirtschaftliche und auch politische

Konflikte sich vorbereiten, die verhängnisvoll für die Gesamtheit werden können. Eine vorzüglich auf der Bodennutzung aufgebaute Wirtschaft dagegen ist weniger geeignet, derartige Gegensätze hervorzurufen, sobald die Möglichkeit vorhanden ist, jedem Mitglied der wirtschaftlichen Gemeinschaft einen Anteil an dem Grund und Boden zu gewähren.

Das wirtschaftliche Gedeihen Argentiniens ist auf das engste mit der Einwanderung verknüpft.

Die Einwanderung und Auswanderung — letztere erklärt sich in normalen Zeiten aus der großen Zahl der italienischen Saisonarbeiter und während des Krieges durch die Einberufung in Argentinien wohnender Ausländer zum Heeresdienst — sowie der im Lande verbleibende Überschuß gestaltete sich folgendermaßen:

Jahr	Einwanderung	Rückwanderung	Überschuß bezw. Verlust
1910	289 640	97 854	191 786
1911	225 772	120 709	105 063
1912	323 403	119 933	203 470
1913	302 047	156 829	145 218
1914	115 321	178 684	— 63 363
1915	45 290	111 459	— 66 169
1916	32 990	73 348	— 40 358
1917	18 064	50 995	— 32 931
1918	13 701	24 075	— 10 374

Der Einwanderungsüberschuß trug zur Vermehrung der anfänglich sehr schwachen Bevölkerung bei. Um 1800 zählte die Republik nicht viel mehr als 320000 Einwohner, 1860 1210000, 1888 3160000, 1895 ca. 4 Mill., 1908 6436050, 1910 7172000, 1914 7837000 und 1918 8282000. Zweifellos wird die Einwohnerzahl sich weiter stark heben, jedoch noch lange wird Argentinien ein „leeres Land" bleiben, dessen Aufnahmefähigkeit noch längst nicht gesättigt ist. Seine Bevölkerungsdichte je qkm beträgt nur 3,1 gegen 253 in Belgien, 177 in Holland, 122 in Deutschland, 121 in Italien, 91 in der Schweiz, 87 in Irland, 76 im ehemaligen Österreich-Ungarn und 13 in Schweden vor dem Kriege.

Das Verhältnis der Einwohnerzahl zum Flächeninhalt gibt insofern kein richtiges Bild von der Dichte der Besiedelung, als sich die Bevölkerung immer mehr in den größeren Städten, besonders in der Hauptstadt Buenos Aires, konzentriert, die einen unverhältnismäßig großen Teil der gesamten Bevölkerungsziffer aufweisen. Außer der Bundeshauptstadt, einer modernen Großstadt, die sich nicht wesentlich von anderen Welthandelsplätzen unterscheidet, und heute schon 1,6 Mill. Einwohner zählt, sowie deren Nachbarstadt Avellaneda (150000 E.) sind zu nennen: La Plata, die erst vor wenigen Jahrzehnten gegründete

Hauptstadt der Provinz Buenos Aires (140000 E.); der wichtige Hafenplatz am Paraná, Rosario (200000 E.); der aufstrebende Hafen Bahía Blanca an der atlantischen Küste; Paraná, die Hauptstadt der Provinz Entre Ríos, und weiter Santa Fé, Córdoba, Tucumán, Mendoza, Salta, Catamarca, San Juan, Santiago, San Luis, La Rioja und Jujuy, die Hauptstädte der gleichnamigen Provinzen. Ferner die Hauptstädte der Territorien, nämlich Posadas (Misiones), Resistencia (Chaco), Formosa (Formosa), Toay (Pampa Central), Viedma (Río Negro), Neuquén und Confluencia (Neuquén), Rawson (Chubut), Puerto Gallegos (Santa Cruz) und Ushuaia (Feuerland).

Nicht weniger als die Beschaffung von Arbeitskräften durch die Einwanderung war der Bau eines Eisenbahnnetzes die Vorbedingung für die Nutzbarmachung der Produktionskraft des Landes. 1857 wies die Republik ganze 10 km Schienenwege auf, 1900 schon 16564, 1903 18404, 1906 20560, 1909 24781, 1912 32854 und 1917 33862 km.

Der weitaus größte Teil dieser Linien liegt in Händen privater und zwar englischer Gesellschaften, der kleinere Teil ist Staatsbetrieb. Die meisten Privatgesellschaften sind den Bestimmungen eines Gesetzes unterworfen, das die Frachtsätze reguliert. Den Ausbau des Netzes läßt sich die Nationalregierung besonders angelegen sein, weniger um sich durch den Betrieb Einnahmen zu schaffen, als um den wirtschaftlichen Fortschritt zu fördern. Der Bau der großen Bahnlinien in den Nationalterritorien ist ein Beispiel dafür. Wenig entwickelt sind die Landstraßen; diese Vorläufer der Eisenbahnen hat Argentinien in rascher Entwicklung übersprungen. Die Eisenbahngesellschaften sind jedoch verpflichtet, Zufahrtsstraßen zu den Stationen anzulegen.

Der La Plata und Paraná sind bis über die Landesgrenze hinaus schiffbar, der Uruguay nur auf der letzten Strecke vor der Mündung. Auch der Río Negro, Pilcomayo und Bermejo dienen als Wasserstraßen. Die wichtigsten Flußhäfen sind am Paranáflusse: Rosario, Campana, Baradero, San Nicolás, Paraná, Santa Fé, Corrientes, Posadas und Resistencia; am Uruguay: Concordia, Gualeguaychu und Concepción. Die wichtigsten Seehäfen sind: Buenos Aires, Bahía Blanca, La Plata, ferner sind am Atlantischen Ozean zu nennen: Gallegos, Santa Cruz, San Julian, Comodoro Rivadavia, Camarones, Madryn, San Blas, San Antonio und Quequén. Dem überseeischen Verkehr dienen besonders Buenos Aires, Rosario und Bahía Blanca. Die Dauer der Überfahrt von europäischen Häfen schwankt zwischen 22 und 15 Tagen.

Selbstverständlich ist mit der allgemeinen Entwicklung der Ausbau des Post- und Telegraphenwesens Hand in Hand gegangen. Ebenso selbstverständlich ist, daß Argentinien zur Weltpost-Union gehört. 1914 beschäftigte die Postbehörde

17454 Personen; im gleichen Jahre wurden über 1 Milliarde Briefsachen und über 16 Mill. Telegramme übermittelt. Am 31. 12. 1914 zählte man 3312 Post- und Telegraphenämter; im ganzen belief sich die Länge der Telegraphenlinien auf 70000 km. Die drahtlose Telegraphie hat sich besonders in den letzten Jahren sehr stark entwickelt; nicht nur für den Auslandsverkehr, sondern auch für die telegraphischen Übermittelungen im Inlande dürfte sie bald eine bedeutende Rolle spielen. Für die entlegenen Teile der Republik wird diese moderne Einrichtung von größtem Nutzen sein.

In den Außenhandelszahlen Argentiniens spiegelt sich die wirtschaftliche Leistungsfähigkeit und ihre Entwicklung in ihrer Gesamtheit wider (in $ o/s).

	Gesamtaußenhandel	Zunahme gegen das vorhergehende Jahrzehnt	
1876/85	1 164 405 854	288 846 713	32.9 %
1886/95	2 068 549 494	904 143 640	77.6 %
1896/1905	3 135 390 608	1 066 841 114	51.5 %
1906/1915	7 075 626 271	3 940 235 663	125.6 %

Mit seiner außerordentlich starken Ausfuhr, deren Entwicklung der Menge nach nur während der Kriegsjahre durch die Schiffsraumnot gehemmt worden ist, hat sich Argentinien den Weltmarkt erobert. Weizen, Mais, Gefrierfleisch, Wolle, Leinsaat, Häute, Talg sind die wichtigsten Exportartikel. Mit steigender wirtschaftlicher Entwicklung ist auch die Aufnahmefähigkeit seines Marktes gewachsen. Alljährlich führt die Republik in normaler Zeit für ungefähr 400 Mill. $ o/s Waren ein, darunter besonders Kohlen, Textilwaren aller Art, Maschinen, Eisen und Baumaterialien.

Nach den tatsächlichen Werten gestaltete sich die Handelsbewegung während der letzten Jahre wie folgt (in $ o/s):

	Einfuhr	Ausfuhr	Saldi der Handelsbilanz
1913	496 227 004	519 156 011	+ 22 929 007
1914	322 529 964	403 131 517	+ 80 601 553
1915	305 488 006	582 179 279	+ 276 691 273
1916	366 130 571	572 999 522	+ 206 868 951
1917	380 321 178	550 170 049	+ 196 848 871
1918	480 896 000	826 496 000	+ 345 600 000

Am stärksten beteiligt an dem Handel mit der Republik waren vor dem Kriege England, Deutschland, die Vereinigten Staaten, Frankreich, Belgien, Italien, Brasilien, Holland und Spanien. Durch die Kriegsverhältnisse ist in dieser Reihenfolge eine Veränderung eingetreten. Deutschland und Belgien sind ausgeschaltet worden und die Vereinigten Staaten sind an die erste Stelle gerückt.

Ein modernes Kreditwesen unterstützt den wirtschaftlichen Aufschwung. Außer der Nationalbank zählt Argentinien zahlreiche Banken, darunter Filialen der größten europäischen und amerikanischen Institute. Deutschland ist durch die Deutsch-Überseeische Bank und die Deutsch-Südamerikanische Bank vertreten. Der Status sämtlicher Banken zeigt folgendes Bild:

	1915	1918
Kapital	402 905 000	456 200 000
Depositen	1 333 900 000	2 600 000 000
Diskonten	1 296 500 000	1 615 000 000

Auch das Versicherungswesen ist gut entwickelt. Die Gesamtversicherungssumme bei den im Lande tätigen Gesellschaften belief sich 1907 auf 1 814 000 000, 1916 auf 3 002 062 000 $ m/n. Das Genossenschaftswesen ist im Ausbau begriffen.

Das fremde Kapital ist Argentinien in bedeutender Menge zugeströmt und hat ähnlich wie die Einwanderung die Erschließung der Produktionskräfte des Landes gefördert. Während bei der Menscheneinwanderung das italienische und spanische Element überwogen hat, nimmt bei der Kapitaleinwanderung das englische Geld die erste Stelle ein.

Einer Aufstellung des bekannten argentinischen Nationalökonomen Dr. Martinez zufolge verteilt sich gegenwärtig das in Argentinien angelegte fremde Kapital folgendermaßen (in $ o/s):

Staats- und andere öffentliche Anleihen ..	657 303 460
Eisenbahnen	1 344 326 465
Banken	51 891 022
Hafeneinrichtungen	22 163 909
Trambahnen	109 496 149
Kühlhäuser	40 916 439
Gas-, Elektrizitäts- und Wasserversorgung	78 373 018
Landwirtschaft	79 681 618
Hypotheken..........................	500 015 962
Versicherungen	3 886 464
Industriegesellschaften	507 760 000
Telephonische und radiotelegraphische Unternehmen	21 340 000
Handelsunternehmungen..................	465 169 244
Insgesamt	3 882 323 750

Das britische Kapital steht mit 2 bis $2^1/_2$ Milliarden $ o/s weitaus an der Spitze. England ist der Bankier Argentiniens gewesen, hat den größten Teil der Eisenbahnen des Landes gebaut, hat große Summen in Gaswerken, Straßenbahnen, im Bank- und Versicherungswesen, in Landgesellschaften und verschiedenen Industrien, besonders den Gefrierfleischwerken angelegt. Frankreichs Anteil ist weniger bedeutend und kann auf 500 Millionen $ o/s, die in Eisenbahnen, Hafenbauten und anderen Unternehmen investiert sind, geschätzt werden. Deutschland, dessen Beteiligung sich auf etwa die Hälfte der französischen beschränkt, nimmt mit den Werken der Deutsch-Überseeischen Elektrizitätsgesellschaft eine beherrschende Stellung in der Elektrizitätsindustrie ein, spielt eine führende Rolle im Außenhandel, ist ferner an der argentinischen Schiffahrt, an der Zucker- und Holzindustrie sowie an landwirtschaftlichen Unternehmen beteiligt. Nordamerikas Einfluß ist noch unbedeutend, jedoch im Wachsen begriffen. In jüngerer Zeit macht sich ein reges Interesse der nordischen Staaten, Italiens und Spaniens geltend.

Unter den 50 Gesellschaften, die 1917 in Argentinien mit einem autorisierten Kapital von 51 055 000 und einem eingezahlten Kapital von 20 470 000 $ m/n eingetragen wurden, waren zu verzeichnen:

6 nordamerikanische	Gesellschaften	mit	1 255 000	Dollar
3 dänische	,,	,,	10 600 000	Kronen
2 holländische	,,	,,	5 800 000	Gulden
2 spanische	,,	,,	2 288 559	Pesetas
2 englische	,,	,,	73 000	Pfd. Sterl.
2 canadische	,,	,,	305 000	Dollar
1 italienische	,,	,,	5 000 000	Liras
1 norwegische	,,	,,	1 000 000	Kronen
1 schwedische	,,	,,	300 000	Kronen
1 belgische	,,	,,	1 000 000	Franken

Die Zukunft Argentiniens darf günstig beurteilt werden. Wohl werden Krisen, verursacht durch übertriebene Bewertung der produktiven Kraft seines Bodens, vorübergehend den wirtschaftlichen Fortschritt stören, die große Linie der Entwicklung jedoch muß nach menschlicher Voraussicht sich aufwärts bewegen. Wo ihre Grenzen liegen, kann niemand sagen. Daß die, welche die Mehrzahl der alten Kulturländer und wirtschaftlichen Großmächte gegenwärtig erreicht haben, noch in weiter Ferne liegen, daß noch Menschenalter vergehen werden, ehe das Land seine Jugendperiode beendet hat, muß jedem Beobachter jedoch offenbar sein.

Das argentinische Volk

Die großen Zahlen, welche die Einwanderungsstatistik Argentiniens aufweist, zeigen, daß das argentinische Volk noch eine Nation im Werden ist. Sein Ursprung liegt bei den spanischen Eroberern, die im 16. Jahrhundert am La Plata festen Fuß faßten und die indianischen Einwohner verdrängten. In diesem

Eroberungsprozeß, der heute praktisch als abgeschlossen gelten kann, wenn auch noch etwa 50 000 Indianer, darunter die Matacos, die Tobas, Macovies und Choroties im Chaco, die Onas auf Feuerland, also im äußersten Norden und Süden, vorhanden sind, ist eine Vermischung mit der Urbevölkerung nicht häufig gewesen. Ihre Spuren sind jedoch noch in einzelnen Gegenden, wie der Provinz Corrientes, deren Einwohner zu dem großen Stamm der Guaraní gehörten, deutlich erkennbar. Von dem retardierenden Element der Neger ist Argentinien — ganz im Gegensatz zu Brasilien — so gut wie verschont geblieben. Tatsächlich gehört die Bevölkerung Argentiniens so der weißen Rasse an.

Von 1857 bis 1914 sind ungefähr 4 700 000 überseeische Einwanderer dem Lande zugeströmt, darunter hauptsächlich 2 284 000 Italiener, 1 473 000 Spanier, 214 000 Franzosen, 161 000 Russen, 136 000 Syrier, 87 000 Österreicher, 62 000 Deutsche, 55 000 Engländer, 33 000 Schweizer, 26 000 Portugiesen und 6450 Nordamerikaner. Die Rückwanderung hat sich auf ungefähr 1 250 000 Menschen belaufen.

1914 wurden 2 357 952 Ausländer gezählt, die sich wie folgt auf die verschiedenen Nationalitäten verteilten:

	Männer	Frauen	Naturalisierte
Deutsche	17 407	9 580	739
Österreicher und Ungarn	24 943	13 180	787
Belgier	2 781	2 084	86
Bulgaren	990	77	14
Franzosen	44 211	34 740	1 079
Griechen...............	5 272	444	191
Engländer	18 945	8 747	264
Italiener	587 497	342 366	12 346
Spanier	564 000	265 700	10 000
Portugiesen	11 629	2 514	298
Russen	54 956	38 678	1 139
Rumänen	1 201	904	65
Serben	288	28	6
Türken	52 954	12 175	385

Der romanische Grundcharakter der Bevölkerung ist durch die überwiegende Einwanderung italienischer und spanischer Elemente nur noch verstärkt worden. Die germanischen Elemente sind jedoch nicht ohne Einfluß geblieben. Durch den Zustrom aus den übrigen Ländern wird Argentinien ein kosmopolitischer Stempel aufgedrückt. Alle Einwanderer unterliegen früher oder später auf dem neuen Boden einer Umwandlung, die nicht nur geistig, sondern oft auch körperlich in Erscheinung tritt. Durchweg schon in der zweiten Generation werden die Einwandererfamilien zu Argentinern, passen sich den Sitten, Gebräuchen und der verhältnismäßig leicht erlernbaren Landes- und Amtssprache, dem Spanischen, neben dem jedoch auch viel italienisch und auch französisch gesprochen wird, an. Diese leichte Assimilation fremder ethnologischer Elemente, die durch eine liberale Gesetzgebung über den Erwerb der Staatsangehörigkeit, vor allem aber durch ein relativ stark entwickeltes Schulwesen gefördert wird, und auf die das neue Heimstättengesetz nicht ohne Wirkung bleiben kann, ist ein gutes Zeichen für die Kraft, die der argentinischen Nation innewohnt, die wohl verglichen werden kann mit der jenes gewaltigen Schmelztiegels der Rassen, der Vereinigten Staaten von Amerika. In geschlossenen Siedelungen ist den eingewanderten Elementen — wie viele Beispiele zeigen — die Möglichkeit gegeben, ihre völkischen Eigenarten zu erhalten und zu pflegen.

Mit der wachsenden wirtschaftlichen Entwicklung ist Argentinien auch kulturell fortgeschritten. Nächst der Aufgabe, die Besiedelung des Landes durchzuführen, hat der Staat die Schaffung von Bildungsmöglichkeiten als eine seiner vornehmsten Pflichten erkannt. Der öffentliche Volksschulunterricht ist für Kinder von 6—14 Jahren obligatorisch und kostenlos. In der Föderalhauptstadt und den Nationalterritorien untersteht er der Nationalregierung. In den Provinzen untersteht er gesetzlich den Provinzialregierungen, wird jedoch auch dort von der Nationalregierung wegen der geldlichen Anforderungen übernommen. Der Mittelschulunterricht ist sehr verbreitet; ebenso bestehen zahlreiche Industrie- und Handelsschulen. Der höhere Unterricht hängt direkt von der Nationalregierung ab und geht von den vier Universitäten aus, die sich in Buenos Aires, Córdoba, La Plata und Santa Fé befinden. 1896 zählte die Republik 3715 staatliche und private Elementarschulen, 1915 dagegen deren 7810. Außerdem besitzt Argentinien eine ganze Reihe großer Museen, Bibliotheken sowohl in der Hauptstadt wie in den Provinzen, ferner Forschungsinstitute ersten Ranges und eine Presse, mit der sich diejenige vieler europäischer Länder an Großzügigkeit und Leistungsfähigkeit nicht entfernt messen kann.

Die Kirche spielt im öffentlichen Leben keine hervorragende Rolle. Der Verfassung gemäß unterstützt die Nationalregierung den römisch-katholischen Kultus. Es hat jedoch immer religiöse Toleranz geherrscht. Sowohl in der Hauptstadt als in zahlreichen anderen Bevölkerungszentren gibt es viele protestantische, orthodoxe und andere Kirchen sowie Synagogen.

Das argentinische Staatswesen

Wie überall in der Welt ist auch in Argentinien eine straffe staatliche Organisation die unerläßliche Vorbedingung für die wirtschaftliche Entwicklung gewesen; wie überall bildet auch dort die Einrichtung geordneter Rechtsverhältnisse die Grundlage jeglicher privatwirtschaftlicher Betätigung.

Lange hat es gedauert, bis dieses öffentlich rechtliche Fundament stark genug gemauert war, um den immer höher ragenden Bau der Wirtschaft zu tragen. Die Conquistadores, die der Krone Spaniens die Anfang des 16. Jahrhunderts entdeckten La Plataländer unterwarfen, haben wohl den ersten Baustein zu der heutigen Republik gelegt; jedoch so bewundernswert auch die Errichtung der spanischen Herrschaft, die Verbreitung spanischer Kultur gewesen sein mag, so war das System, nach dem das Vizekönigreich Buenos Aires vom Mutterland aus geleitet wurde, doch nicht danach angetan, dem La Platastaat eine gesunde wirtschaftliche und politische Zukunft zu gewährleisten.

Im Jahre 1810 am 25. Mai, der bis heute der Nationalfeiertag Argentiniens geblieben ist, nahm das Volk dem Mutterlande die Zügel aus der Hand. Nach der Periode des Unabhängigkeitskampfes, in dem sich schließlich das ganze Lateinamerika gegen Spaniens Herrschaft auflehnte, der die Namen der Generale San Martin und Simón Bolivar weit über die Grenzen des Kontinents hinaus berühmt gemacht hat, hielt die Anarchie ihren blutigen Einzug. Jahrzehntelang dauerte der Kampf um die Schaffung einer stabilen Staatsgewalt, brachte Unsicherheit, Rechtlosigkeit und endlich die Tyrannei Juan Manuel de Rosas, der seinen Namen mit blutigen Lettern in die Geschichte Argentiniens eintrug.

Je trüber der Urteilsspruch lautete, den man in Europa der Zukunft jenes fremden Landes ausstellen mußte, das sich in schweren inneren Kämpfen selbst zerfleischte, das zwei Jahrzehnte hindurch die Diktatur eines einzelnen von der Außenwelt abschnitt, das, nachdem es sich von der Gewaltherrschaft einer eisernen und skrupellosen Natur, wie es die des Tyrannen Juan Manuel de Rosas war, befreit hatte, vergeblich versuchte, die Grundlage einer gesunden Entwicklung zu schaffen, und das, nachdem diese errichtet schien, noch wiederholt mißleitet und an den Rand des Abgrundes gebracht wurde, desto überraschender mußte der Aufschwung wirken, der erst um die Wende des neuen Jahrhunderts eintrat, nachdem die Saat ehrlicher Politiker und Staatsmänner, die endlich die Grundlagen eines stetigen Fortschrittes geschaffen hatten, aufging. General Justo José de Urquiza machte in der Schlacht von Monte Caseros der Herrschaft Rosas ein Ende. Die Verfassung von 1853 gab dann dem Lande seine nationale Organisation. Daß damit noch nicht eine ruhige politische Entwicklung gewährleistet war und Jahrzehnte vergingen, ehe aus den Trümmern der Anarchie ein stabiles Staatsgebilde herauswuchs, ist verständlich. Der Kampf zwischen Unitariern und Föderalisten, zwischen Anhängern der Idee, sämtliche Landesteile einer starken Zentralregierung unterzuordnen, und den Hütern der Autonomie der Provinzen mußte erst ausgefochten, eine Lehrzeit in der inneren Verwaltung erst durchgemacht werden, bis endlich Ruhe und Ordnung gesichert waren. Die letzte gewaltsame Auseinandersetzung widerstreitender Faktoren, die letzte Revolution, fand im Juli 1890 statt, als die Union Civica, eine Vereinigung ehrlicher Patrioten, einer dem Lande verhängnisvollen Herrschaft ein Ende bereitete. Seitdem hat sich das innerpolitische Leben Argentiniens in ruhigen Bahnen auf der Basis des Staatsgrundgesetzes vom 25. September 1860 vollzogen.

Nach dieser Verfassung ist Argentinien eine republikanische Föderation, also ein Bundesstaat wie die Vereinigten Staaten von Amerika und Deutschland. Die Republik setzt sich zusammen aus 14 Provinzen, dem Bundesdistrikt, d. h. der Hauptstadt Buenos Aires und 10 Nationalterritorien. Die Nationalterritorien sind diejenigen Landesteile, die noch nicht genügend bevölkert sind, um eine provinzielle Einheit mit eigenem Verwaltungsapparat rechtfertigen zu können, unterstehen direkt der Nationalregierung und werden von seitens der Nationalregierung ernannten Gouverneuren verwaltet. Die Provinzen dagegen sind autonom und haben eigene, den der Bundesregierung nachgebildete Verfassungen. Sie wählen ihre Gouverneure, Kammern und Beamte ohne Einmischung der Nationalregierung. Ihre Kompetenzen sind jedoch durch die Verfassung, die ihrem Machtbereiche das Heer, die Marine, das Zollwesen, die Schiffahrt, die auswärtige Vertretung, das Münzwesen, die Naturalisation, ferner die Straf-, Handels- und Berggesetzgebung entzieht, beschränkt. Untergeteilt sind die Provinzen und Territorien in „departementos" oder „partidos" genannte Bezirke, die teils Selbstverwaltung besitzen, teils von den Gouverneuren völlig abhängen. Streitfragen zwischen den einzelnen Provinzen werden durch das oberste Bundesgericht entschieden. Die Bundesregierung hat das Recht im Falle von Differenzen zwischen dem Gouverneur und der Bürgerschaft einer Provinz zu intervenieren. An Stelle des Gouverneurs übernimmt dann der von der Zentralregierung entsandte Interventor die Regierung. Die historische Entwicklung scheint — und das kann einer gedeihlichen politischen und wirtschaftlichen Entwicklung nur förderlich sein — auf die stärkere Zentralisierung der Staatsgewalt, die durch den Ausbau des Eisenbahn- und Nachrichtenwesens gefördert wird, hinzuzielen.

Die Bundesregierung setzt sich aus drei Gewalten zusammen, der ausübenden, der gesetzgebenden und der richterlichen. Die

Exekutivgewalt der Republik liegt in Händen des durch allgemeines indirektes Stimmrecht auf sechs Jahre gewählten Präsidenten, der für den Fall des Ablebens, der Abwesenheit oder Abdankung von dem in gleicher Weise und auf gleiche Dauer gewählten Vizepräsidenten vertreten wird. Acht Minister stehen dem Präsidenten, von ihm bestellt, zur Seite. Die gesetzgebende Gewalt übt der von der Abgeordnetenkammer und dem Senat gebildete Kongreß aus. Die Abgeordneten werden in direkter Wahl vom Volke gewählt. Der Senat besteht aus 30 Mitgliedern, von denen 2 auf jede Provinz und den Bundesdistrikt entfallen. Das aktive Wahlrecht besitzen alle männlichen über 18 Jahre alten Argentiner.

Die richterliche Gewalt wird ausgeübt durch den obersten Gerichtshof, der obersten Gerichtsbehörde des Landes, deren Mitglieder vom Präsidenten mit Einwilligung des Senats bestellt werden und unabsetzbar sind und die ihren Sitz in der Bundeshauptstadt hat; ferner durch föderale Appellationskammern in der Hauptstadt sowie in den Städten Córdoba, Paraná und La Plata, weiter durch föderale Gerichtshöfe in den Hauptstädten der Provinzen und Territorien. Außerdem entscheiden Friedensrichter oder Ortsvorsteher bei kleineren Streitobjekten. In den Territorien finden sich „studierte Richter", die von der Exekutivgewalt ernannt werden und für Angelegenheiten der gewöhnlichen und föderalen Gerichtsbarkeit zuständig sind. Die Prozeßordnung ist in manchen Provinzen noch sehr rückständig.

Der persönlichen Freiheit gibt die Verfassung weitgehende Garantien. Es besteht völlige wirtschaftliche Freiheit im Rahmen des bürgerlichen und öffentlichen Rechtes, Freizügigkeit, Pressefreiheit, Religionsfreiheit, während Vorrechte der Geburt und des Adels nicht anerkannt werden.

Die im Auslande und nach Vorschrift des betreffenden Landesgesetzes geschlossenen Ehen werden in Argentinien als gesetzlich gültig anerkannt, ebenfalls rein kirchliche Verbindungen. Die Vielweiberei ist jedoch nicht gestattet, ebensowenig eine eheliche Verbindung zwischen Verwandten auf- oder absteigenden Grades sowie zwischen Geschwistern. Nach argentinischem Gesetz kann eine zu Recht bestehende Ehe nur durch den Tod gelöst werden. Auch wenn die Gesetze jenes Landes, in welchem die Ehe geschlossen wurde, die vollständige Scheidung zulassen, ist eine solche jedoch nicht von einem argentinischen Gericht zu erwirken; einzig und allein kann auf eine Trennung von Tisch und Bett erkannt werden. Die in Argentinien ansässigen Ausländer können vor den staatlichen Standesämtern der Republik allgemein gültige Ehen schließen, jedoch haben alle vor einem in Argentinien bestätigten diplomatischen oder konsularischen Vertreter fremder Länder sowie auch von einem Geistlichen geschlossenen Ehen keine Gültigkeit.

Mit vollendetem 22. Lebensjahr erwirbt man in Argentinien die Großjährigkeit, jedoch wird ein sich seßhaft machender Ausländer, sobald er nach den Gesetzen seines Heimatlandes die Großjährigkeit erreicht hat, auch in Argentinien als großjährig betrachtet, gleichgültig, ob er das 22. Lebensjahr erreicht hat oder nicht. Umgekehrt wird ein solcher als großjährig betrachtet, wenn er das 22. Lebensjahr erreicht hat, auch wenn trotzdem nach den Gesetzen seines Heimatlandes dies noch nicht zutrifft.

Das Polizeiwesen ist durchweg gut, in der Hauptstadt ganz ausgezeichnet organisiert. Die Unsicherheit auf dem Lande gehört zu seltenen Ausnahmen.

Libertad, igualdad y fraternidad — Freiheit, Gleichheit und Brüderlichkeit — der Wahrspruch der ersten revolutionären Junta von 1810 nach der Befreiung von der drückenden Herrschaft des selbstsüchtigen Mutterlandes, ist das Leitmotiv des öffentlichrechtlichen Aufbaues der argentinischen Republik bis zum heutigen Tage geblieben. Daß diese Ideale nicht immer erreicht und verwirklicht worden sind, ist bei einem jungen, in der Entwicklung befindlichen Staatswesen verständlich; gerade die letzten Jahre, die auf dem Gebiete der Wahlen reformierend wirkten und das Bestreben zeitigten, den praktischen Erfolg der Rechtspflege zu garantieren, haben sie jedoch ihrer Verwirklichung näher gerückt.

Mit der fortschreitenden Entwicklung des Landes sind die Aufgaben des Staates und dadurch seine finanziellen Bedürfnisse gewachsen. Um die Jahrhundertwende belief sich der geldliche Bedarf der Nationalregierung auf ca. 160 Mill. $ m/n, in den letzten Jahren dagegen schon auf ca. 400 Mill. $ m/n. Während des gleichen Zeitraumes stieg die nationale Schuld von 447 auf 545 Mill. $ o/s.

Sowohl der Nationalstaat (für die Hauptstadt und die Nationalterritorien) als auch die Provinzen und die Stadtbehörden erheben Abgaben.

Was den Nationalstaat anbelangt, so baut sich sein Steuersystem auf der Grundlage indirekter Abgaben auf. Die wichtigsten darunter sind die Einfuhrzölle, Hafen-, Leuchtfeuer-, Lager- und Schiffsabgaben, Ausfuhrzölle sowie die inneren Verbrauchsabgaben auf Alkohol, Tabak, Bier, Streichhölzer, Versicherungen, Spielkarten, künstliche Getränke, Riech- und Schönheitsmittel, Zucker und Wein. Weiter bestehen Stempelabgaben, Abgaben für Handlungsreisende, Patente und Marken.

Die direkten Steuern sind nur wenig ausgebaut; so besteht außer der Landsteuer noch eine Erbschaftssteuer, deren Sätze sich in geringen Grenzen halten. Die Einführung einer Einkommensteuer ist in dem Staatshaushaltsvoranschlag für 1919 vorgesehen.

Die Provinzen erheben ihrerseits auf Grund des Artikels 105 des Staatsgrundgesetzes, der ihnen Autonomie auch für die Regelung ihrer Finanzen sichert, ebenfalls indirekte und direkte Steuern wie Land-, Ackerbau- und Viehzuchtsabgaben, Abgaben auf Handel und Industrie, Alkohol, Tabak, Spielkarten, ferner Straßenabgaben, Abgaben für die Markierung von Vieh, für die Eintragung von Handelsmarken, Stempel- und Erbschaftssteuern.

Man kann weder behaupten, daß die steuerliche Belastung gering, noch daß die Steuerfreudigkeit oder das Steuergewissen besonders ausgebildet seien. Der Umstand, daß die indirekten Steuern den Löwenanteil des Bedarfes decken, stellt eine Begünstigung des Kapitals dar und erleichtert die wirtschaftliche Unternehmung und Entwicklung, während sie den Lebensunterhalt, besonders hinsichtlich der Artikel, die nicht durchaus lebensnotwendig sind, verteuern.

Die Münzeinheit ist der Goldpeso zu 100 centavos. Dieser ist jedoch nur nominell. Aus Gold geprägt wird nur der „argentino" im Wert von 5 $ o/s. Das Zirkulationsmittel ist der Papierpeso zu 100 cts Papier, dessen Wert auf 0,44 $ o/s festgesetzt ist und von dem Scheine zu 1, 5, 10, 50, 100, 500 und 1000 $ zirkulieren. Außerdem gibt es Nickelgeld von 5, 10 und 20 cts m/n. Seit der 1899 erfolgten Schaffung der Konversionskasse ist der Kurs von 1 $ m/n = 44 cts o/s stabil.

		1907	1918
Goldbestand der Konversionskasse	$ o/s	123 800 000	379 032 358
Papiergeldumlauf	$ m/n	532 100 000	1 154 455 819
Deckungsverhältnis		53,3 %	74 %

Die Provinzen dürfen den Bestimmungen der Verfassung gemäß keine Münzen schlagen, nur ausnahmsweise wird ihnen das Recht zur Ausgabe von Papiergeld bewilligt.

Die Umrechnung fremder in argentinische Währung zu pari ergibt:

		$ m/n	$ o/s
1 £	=	11,45	5,04
5 Liras, Franken, Pesetas	=	2,27	1,00
20 Mark	=	11,21	4,94

In normalen Zeiten, also vor dem Kriege, wertete 1 $ o/s 4,05 Mark 1 $ m/n 1,80 Mark und 1 Mark ungefähr 0,56 cts m/n. Gegenwärtig ist die Mark dem Peso gegenüber stark entwertet.

Daß Argentinien sich mit wachsender wirtschaftlicher Geltung auch die militärischen Mittel schaffen mußte, diese zu schützen, ist verständlich. Nach dem 21. Artikel der Verfassung besteht die allgemeine und persönliche militärische Wehrpflicht für alle argentinischen Bürger für einen nominellen Zeitraum von

25 Jahren. Fremde, die sich haben naturalisieren lassen, sind für die Dauer von zehn Jahren von dieser Verpflichtung befreit. Die Armee besteht aus der Linie, der Nationalgarde und der Territorialgarde.

Der Dienst im stehenden Heer ist auf ein Jahr bemessen. Nach diesem Dienst gehören die Ausgehobenen, Freiwilligen usw. bis zum 30. Lebensjahre der Reserve an. Die Nationalgarde besteht aus allen Bürgern im Alter von 30—40 Jahren. Die Territorialgarde umfaßt alle Bürger zwischen dem 40. und 45. Lebensjahre. Sie werden nur im Kriegsfalle mobilisiert. Innerhalb von drei Monaten nach der Vollendung des 18. Lebensjahres muß sich jeder Bürger in die Stammrolle eintragen lassen. Ausgenommen sind vom Militärdienst die körperlich Untauglichen, Söhne von Witwen, die ihre Mütter ernähren müssen, oder von arbeitsunfähigen über 70 Jahre alten Vätern und andere. Jeder auf Grund dieser Bestimmungen vom Militärdienst Befreite hat eine Abgabe von 2 $ m/n—25 $ m/n zu entrichten. 1914 zählte das stehende Heer 21 000 Mann. Meist sind mehr Gestellungspflichtige vorhanden als Rekruten benötigt werden, so daß Auslosungen häufig sind.

Die argentinische Flotte hat sich in den letzten Jahren kräftig entwickelt und ist zu einer der modernsten Südamerikas geworden. Das System der zweijährigen Konskription liefert die Bemannung, während die Offiziere aus den Marineschulen hervorgehen.

Es ist — besonders in der letzten Zeit — immer wieder von der Regierung und von hervorragenden Staatsmännern hervorgehoben worden, daß die militärischen Mittel, die der Republik zur Verfügung stehen, nicht für den Angriff nach außen, sondern nur für den Schutz des Landes geschaffen worden sind.

Das Verhältnis Argentiniens zu den anderen Staaten ist derart, daß keine Gefahr für internationale Verwicklungen befürchtet zu werden braucht. Die Grenzstreitigkeiten mit Chile, die noch aus dem vergangenen Jahrhundert in das neue übernommen worden waren, sind durch Schiedsspruch erledigt worden. Eine ähnliche Lösung fanden die Grenzfragen mit Bolivien, Paraguay und Brasilien. Die noch gegenwärtig bestehenden Differenzen sind zu geringfügiger Natur, als daß sie zu Konflikten Anlaß geben könnten. Überdies besteht die Tendenz, die Erledigung derartiger Streitfragen und solcher, die entstehen könnten, der schiedsgerichtlichen Entscheidung zu unterbreiten und eine kriegerische Austragung, deren verhängnisvolle Folgen für Besiegte und Sieger der Weltkrieg eindringlich offenbart hat, zu vermeiden.

Die Bestrebungen, die Gesamtheit der südamerikanischen Freistaaten zu einem Bunde zu vereinen und womöglich auch eine wirtschaftliche Einheit zu schaffen, dürften für unabsehbare Zeit hinaus nur Wünsche bleiben. Auch die Pläne, Argentinien, Brasilien und Chile, womöglich auch Paraguay und Uruguay, die wichtigsten der Staaten des Kontinents, durch einen Bund enger zu vereinen — die sich vor dem Kriege bezüglich der A. B. C.-Staaten zu verwirklichen schienen — sind durch den Weltkrieg gestört worden. Dieser hat dafür aber eine Annäherung zwischen Argentinien, Chile und Paraguay, die alle drei während des Weltkrieges neutral geblieben sind, gezeitigt. Es sind jedoch Anzeichen dafür vorhanden, daß sich Brasilien wieder an die Seite seiner alten Freunde zurückfinden wird und daß vielleicht doch noch der in Europa so viel genannte A. B. C.-Bund zustande kommt. Während des Weltkrieges hat die argentinische Regierung, wie gesagt, Neutralität bewahrt.

„Erinnern wir uns schließlich", so sagte der geistreiche argentinische Gelehrte Dr. Zeballos gelegentlich einer Konferenz des „Instituto popular" „an die neue Mission, die die Vorsehung Argentinien vorbehielt, indem sie es zum gelobten Land für die Opfer der Krisis in anderen Weltteilen gestempelt hat. Bis gestern noch haben die Vereinigten Staaten von Amerika diese Mission erfüllt. Heute jedoch sind sie in eine Militärmacht ersten Ranges umgewandelt. Sie werden ein unruhiges Leben führen in den Konflikten und Kriegen, die in Zukunft in Europa, in Canada, in Mexiko, im Karaibischen Meer, auf dem Isthmus von Panama und im fernen Osten unvermeidlich sein werden. Argentinien wird das Land Kanaan werden für die Massen, die, nachdem der Friede wiederhergestellt ist, durch die Gegenwart in Schrecken versetzt und die kommenden Ereignisse fürchtend ihre Heimat verlassen werden. Wir müssen uns darauf vorbereiten, damit diese humanitäre Aufgabe Argentiniens eine fruchtbare werde...., verhindern, daß die fremden Streitigkeiten zu uns übergreifen und mit ehrlichem Willen das höchste Versprechen der Verfassung erfüllen, wenn wir unser Land Menschen aus allen Weltteilen öffnen, damit sie in Frieden und in Freiheit, ohne Unterscheidung ihrer Nationalität, Recht, Wohlergehen und Glück finden".

Argentinien als Auswanderungsziel, die Einwanderungsgesetzgebung und der Fremde in Argentinien

Die wirtschaftlichen Möglichkeiten, die Argentinien bietet, übersteigen seine Fähigkeit, sie mit eigenem Kapital und eigenen Arbeitskräften auszunutzen. Das Land braucht also fremde Mittel und ausländische Arbeitskräfte, welche die vorhandene natürliche Lücke ausfüllen. Daher strömen alljährlich große Mittel nach Argentinien, daher legt England dort mehr als in den meisten seiner Kolonien und Dominions an. Daher auch wendet sich alljährlich ein Einwandererstrom nach der Republik, der sie neben den Vereinigten Staaten und Canada zu dem bedeutendsten Auswanderungsziel der Welt macht. Der kleinere Teil der Einwanderer wendet sich dem Lande zu, um dort selbständig als Unternehmer tätig zu sein, der weitaus größere um als Arbeiter Verwendung zu finden. Die Mehrzahl der letzteren wieder hofft — und das ist der Reiz, den Argentinien ausübt — in kürzerer oder längerer Frist vom Arbeiter zur Selbständigkeit aufrücken zu können, der kleinere Teil beabsichtigt nur vorübergehend dort zu arbeiten, um den Verdienst in der Heimat zu verzehren.

Von den Möglichkeiten, die das Land dem Unternehmer, den Arbeitern und den Angehörigen verschiedener Berufe bietet, wird noch ausführlicher die Rede sein. Bevor an die Beantwortung der darauf bezüglichen Fragen geschritten wird, sollen die wichtigsten Bestimmungen der argentinischen Einwanderungsgesetzgebung und über die Fremden hier Platz finden.

Der Artikel 25 der argentinischen Verfassung bestimmt: „Die Bundesregierung wird die europäische Einwanderung fördern und darf den Eintritt auf argentinisches Gebiet nicht beschränken noch mit irgendwelchen Abgaben belasten."

Die grundlegenden Bestimmungen über das Einwanderungswesen sind in dem Gesetz vom 19. Okt. 1876 enthalten, durch das auch das Einwanderungsamt geschaffen wurde. Folgende Bestimmungen sind besonders beachtenswert:

Kapitel V. Art. 12. Als Einwanderer im Sinne dieses Gesetzes wird jeder ausländische Tagelöhner, Handwerker, Gewerbetreibende, Ackerbauer oder Lehrer angesehen, der unter 60 Jahre alt ist und seine Rechtschaffenheit und Befähigung nachzuweisen vermag, in der Absicht, sich in Argentinien niederzulassen, in Dampfern oder Segelschiffen, mit Passage 2. oder 3. Klasse hier ankommt, wobei es ohne Belang ist, ob er seine Fahrt selbst bezahlt hat, oder ob diese von der Regierung des argentinischen Gesamtstaates, einer Provinz oder einer privaten, zur Förderung der Einwanderung oder Kolonisation dienenden Gesellschaft bezahlt worden ist.

Art. 13. Personen, die diesen Bedingungen entsprechen, aber die einem Einwanderer zustehenden Vergünstigungen nicht in Anspruch nehmen wollen, haben dies entweder bei ihrer Einschiffung dem Kapitän zu erklären, der einen entsprechenden Vermerk in das Schiffsjournal zu machen hat, oder im Ausschiffungshafen den Behörden mitzuteilen; solche Personen werden dann als einfache Reisende betrachtet. Diese Bestimmung findet keine Anwendung auf Einwanderer, welche vertragsmäßig als solche nach Kolonien oder anderen Punkten der Republik verpflichtet worden sind.

Art. 14. Jeder Einwanderer, der in ausreichender Weise seine gute Führung und Tauglichkeit für irgend eine Industrie, Kunst oder nützliches Handwerk nachweist, hat bei seinem Eintritt in Argentinien Anspruch auf die folgenden Vergünstigungen:

1. Auf Kosten der Nation während der in Art. 45, 46 und 47 festgesetzten Zeit (5 Tage lang) beherbergt und verpflegt zu werden,

2. In derjenigen in dem Lande vorhandenen Industrie oder Arbeitsgelegenheit untergebracht zu werden, in welcher er sich zu betätigen wünscht,

3. Auf Kosten der Nation nach dem Punkt geschafft zu werden, wo er sich niederlassen will,

4. Seine Kleider und Wäsche, Möbel für seinen Hausgebrauch, Ackerbaumaschinen, Werkzeuge und Hilfsmittel des Berufs, den er ausübt, sowie für jeden erwachsenen Einwanderer ein Jagdgewehr bis zu dem von der Regierung festzusetzenden Gesamtwert zollfrei einzuführen.

Art. 15. Die Bestimmungen des vorstehenden Artikels werden, soweit es zulässig ist, auch auf die Frauen und Kinder des Einwanderers ausgedehnt, vorausgesetzt, daß sie ihre Unbescholtenheit und Arbeitsfähigkeit nachweisen, wenn sie erwachsene Personen sind.

Art. 16. Die gute Führung und Arbeitsfähigkeit sind nachzuweisen durch Zeugnisse eines argentinischen Konsuls oder Einwanderungsagenten der Republik im Auslande oder durch Bescheinigung der Heimatsbehörde des Einwanderers, die alsdann von den erwähnten Konsuln oder Einwanderungsagenten beglaubigt sein muß.

Die weiteren Bestimmungen des Gesetzes besagen, daß jedes Schiff, das mit Einwanderern, als welche nach dem Gesetz alle Passagiere 2. und 3. Klasse zu betrachten sind, in argentinischen Häfen ankommt, von einer Kommission besucht und eingehend besichtigt werden muß. Letztere besteht aus dem Einwanderungsinspektor, dem Arzt des Gesundheitsamtes und einem Beamten der Marinepräfektur und muß die hygienischen Verhältnisse des Schiffes, seine Bequemlichkeit für den Transport, die Ernährung während der Reise, die Versorgung mit Arzneien und weiter noch das Vorhandensein von einem Arzt und Apotheker an Bord feststellen, ferner prüfen, ob die mitgebrachte Zahl der Passagiere im Einklang mit seinem Tonnengehalt steht, ob die Abmessungen des Oberdecks, Zwischendecks und der Schlafstellen den gesetzlichen Vorschriften entsprechen, ob eine genügende Anzahl Ventilatoren, Feuerspritzen, Küchengerätschaften, Rettungsringe und Rettungsboote an Bord ist; ob mit ansteckenden Krankheiten behaftete Personen vorhanden sind, ob Passagiere in Häfen aufgenommen wurden, in welchen eine Epidemie herrscht, ob sich in der Ladung feuergefährliche oder gesundheitsschädliche

Artikel befinden und endlich, ob die Passagiere Beschwerde wegen schlechter Behandlung erhoben haben.

Die Einwanderer werden nach der Landung eingehend nach ihrer Tauglichkeit für die Arbeit befragt und nach den Bestimmungsorten eingeteilt, ferner wird eine Liste derjenigen angefertigt, die auf die Vergünstigungen des Gesetzes verzichten. Die Dokumente der letzteren werden mit dem Stempel „simple viajero" (einfacher Reisender) versehen; einen anderen Stempel „residente antiguo" (alter Ansässiger) erhalten die Pässe derjenigen, welche dieser letzteren Klassifikation entsprechen.

Nachdem die Pässe der Einwanderer, die auf die Vergünstigungen des Gesetzes Anspruch erheben, revidiert sind, werden sie von den mit dem Empfang betrauten Beamten des Einwanderungs-Hotels übernommen, die ihnen mit Rat und Tat zur Seite stehen und sie in den im voraus bereitgestellten Straßenbahnwagen unterbringen, mit welchen die Einwanderer von dem Hafen nach dem Hotel gebracht werden. Das Gepäck wird in Plattformwagen der Straßenbahn und in Automobilen von Angestellten des Einwanderungshauses ebendorthin gebracht.

Nachdem sie in dem Hotel angekommen, werden die Einwanderer in das Eingangsregister gebucht und erhalten eine für fünf Tage gültige Aufenthaltskarte, welche im Falle von Krankheit für weitere fünf Tage verlängert werden kann. Die Einwanderer werden zweckgemäß untergebracht, und zwar die Frauen und Kinder in besonderen, von denen der Männer getrennten Sälen. Das Gepäck wird von den Angestellten des Hotels nach einer Niederlage gebracht und dort zollamtlich revidiert.

Die Einwanderer werden mit Lebensmitteln in der folgenden Weise beköstigt: Fleisch 600, Brot 500, Kartoffeln, gelbe Rüben oder Kohl (abwechslungsweise) 100, Zucker 25 und Kaffee 10 g täglich. Die Kinder erhalten Milch. Die in guten Dampfküchen zubereitete Nahrung wird von den Kellnern in dem großen Speisesaal aufgetragen.

In der in dem Hotel selbst eingerichteten Krankenabteilung erhalten die Kranken Pflege; Minderjährige sowie auch Erwachsene, welche dies wünschen, werden geimpft.

Es sind Ärzte, Assistenten, Krankenwärter und Krankenwärterinnen sowie eine Apotheke mit einem vollständigen Bestand an Arzneimitteln und Desinfektionsstoffen vorhanden.

Im Augenblick ihrer Ankunft werden die Einwanderer über den Ort befragt, wohin sie sich zu begeben wünschen, und durch das Arbeitsamt werden ihnen die Stellungen nachgewiesen, für welche das Amt Angebote von Arbeitgebern erhalten hat; diese Angebote liegen im Original, mit Angabe der zu zahlenden Löhne und sonstigen Bedingungen aus und werden ausführlich in die für diesen Zweck gehaltenen Bücher eingetragen. Wenn im ersten Augenblick keine Nachfrage nach Arbeitern desjenigen Berufes vorhanden ist, in welchem der Einwanderer sich zu beschäftigen wünscht, so bemüht das Amt sich selbst, ihm Arbeit zu verschaffen, sei es, daß es die Leute nach den Fabriken oder Werkstätten schickt, oder telegraphisch im Innern des Landes anfragt. Wenn an dem Punkte, nach welchem der Einwanderer sich zu begeben wünscht, zur Zeit keine Arbeit seines Gewerbes vorhanden ist, so wird er ausdrücklich darauf aufmerksam gemacht. Im übrigen wird auf den Einwanderer keinerlei Druck ausgeübt, wohin er sich begeben soll, vielmehr werden seine hierauf bezüglichen Wünsche berücksichtigt.

Die Einwanderer, welche im Innern des Landes Stellung annehmen, oder sich zu ihren dort befindlichen Familien begeben wollen, werden von besonderen Beamten befördert, die ihr Gepäck verladen und darauf den Bestimmungsort bezeichnen lassen, sie in der Expeditionsliste buchen, mit den Fahrkarten versehen und ihnen zur Seite stehen, bis sie vollständig in den Eisenbahnen oder Flußdampfern untergebracht sind.

Die Einwanderer, welche nach den Provinzen oder Nationalterritorien in Stellung gehen, werden bei Ankunft des Zuges von dem Sekretär der Hilfskommission empfangen, bis zu 10 Tage lang beherbergt und verpflegt, bis sie Stellung finden oder nach ihrem endgültigen Bestimmungsorte weiterreisen. Falls sie die Reise mit einer anderen Eisenbahn fortzusetzen haben, werden sie gleichfalls von jenem Beamten in derselben Weise wie in der Hauptstadt von dem Augenblick der Ankunft des Zuges bis zu demjenigen ihrer Weiterreise in Obhut genommen.

In dem Einwanderer-Hotel ist ein Post- und Telegraphenamt zur leichteren Erledigung der Korrespondenz der Einwanderer, und damit die Direktion des nationalen Arbeitsamts sofort nach allen Orten in der Republik die für ihren Dienst notwendigen Befehle und Anweisungen erteilen kann, eingerichtet.

Auch ein Wechselbureau der Nationalbank besteht im Einwanderer-Hotel, um die Angekommenen gegen Betrug beim Wechseln ihres mitgebrachten Geldes zu schützen.

Daß die argentinische Regierung die Einwanderung nicht kritiklos gestattet, ist verständlich. Schon der 32. Artikel des Einwanderungsgesetzes von 1876 bestimmt, daß die Kapitäne der Einwandererschiffe keine Einwanderer nach der Republik bringen dürfen, die mit einer ansteckenden Krankheit, einem organischen Fehler, der sie arbeitsunfähig macht, belastet sind, ferner dürfen sie nicht Geisteskranke, Bettler, Zuchthäusler oder Verbrecher, die abgeurteilt sind, Personen, die ohne Familienvorstände zu sein, über 60 Jahre alt sind nach Argentinien befördern. Diese Personen werden nicht zugelassen und müssen zurückbefördert werden.

Zu den ansteckenden Krankheiten gehören Tuberkulose, Lepra und die Augenliderflechte (tracoma).

Während des Krieges — im April 1916 — sind zu dem 32. Artikel des Einwanderungsgesetzes die folgenden Ausführungsbestimmungen erlassen worden:

Art. 1. Es werden als mit organischen Fehlern, die arbeitsunfähig machen, behaftet angesehen:

a) Blinde, Taubstumme, Lahme, Invaliden, denen beide Arme oder der rechte Arm oder beide Beine fehlen, oder deren Arbeitsfähigkeit durch irgendein anderes Gebrechen beeinträchtigt wird,

b) Geistesschwache: Idioten, Blödsinnige, Epileptiker oder die in irgendeiner anderen Form in ihren geistigen Fähigkeiten Beeinträchtigten,

c) Bettler: die schon in ihrem Ursprungslande der Bettelei oblagen, einzelne Frauen mit Kindern bis zu 10 Jahren, Zigeuner oder andere Personen, von denen zu vermuten ist, daß sie der öffentlichen Fürsorge zur Last fallen könnten.

Art. 2. Bei ihrer Ankunft im Bestimmungshafen müssen die Einwanderer den Beamten der Generaldirektion des Einwanderungswesens eine von den Behörden ihres Landes ausgestellte und von den argentinischen Konsuln kostenlos zu beglaubigende Bescheinigung vorlegen, aus der hervorgeht, daß sie nicht wegen Vergehen gegen die öffentliche Ordnung während der letzten 10 Jahre oder sonstiger Vergehen, die entehrende Strafen nach sich zogen, unter Anklage gestanden, nicht der Bettelei obgelegen haben und nicht an Geistesschwäche leiden.

Art. 3. Das Bild des Einwanderers muß seinem Passe angefügt und von der ausstellenden Behörde oder von dem zuständigen argentinischen Konsulat durch einen Stempel beglaubigt sein.

Art. 4. Die Einwanderer, die diese Dokumente nicht besitzen, werden als unter die Verfügungen des Art. 32 fallend betrachtet und müssen nach dem Einschiffungshafen zurückbefördert werden, während der Kapitän der in Art. 35 des Gesetzes bestimmten Geldstrafe unterliegt.

Diese Vorschriften sind im Oktober 1916 in Kraft getreten.

Auch das Gesetz vom 22. XI. 1902 bietet der argentinischen Regierung die notwendigen Handhaben, sich einer unerwünschten Einwanderung zu erwehren. Die Exekutivgewalt hat danach das Recht, jeden Fremden, der von ausländischen Gerichten verurteilt worden ist oder von ausländischen Gerichten wegen gemeiner Verbrechen und Delikte verfolgt wird, auszuweisen. Zweitens kann die argentinische Exekutivgewalt die Ausweisung jedes Fremden anordnen, dessen Führung die öffentliche Ruhe oder die nationale Sicherheit bedroht. Drittens kann die Exekutivgewalt den Eintritt jedes Fremden, der unter die Rubrik 1 und 2 gehört, verbieten. Der Ausgewiesene muß in drei Tagen das Land verlassen; er kann bis dahin in Haft gehalten werden.

Die Naturalisation von Ausländern wird gewährt: 1. an über 18 Jahre alte Fremde, die sich während zweier aufeinander folgender Jahre in der Republik aufgehalten haben und vor den Sektionsrichtern erklären, die argentinische Nationalität (ciudadanía) erwerben zu wollen; 2. den Fremden, die vor dem Richter nachweisen, daß sie während eines beliebigen Zeitraumes ihres Aufenthaltes in Argentinien dem Lande bestimmte Dienste geleistet haben, im argentinischen Staatsdienst innerhalb oder außerhalb der Republik tätig gewesen sind, im argentinischen Heer oder in der Marine gedient oder an einer kriegerischen Verteidigung des Landes teilgenommen haben, eine neue Industrie in Argentinien eingeführt oder dort eine wichtige Erfindung gemacht haben, als Unternehmer im Eisenbahnbau tätig sind, zu einer Kolonie in einer der Provinzen oder einem Nationalterritorium gehören und dort Grund und Boden besitzen, die Nationalterritorien bewohnen oder besiedelt haben, sich mit einer Frau argentinischer Staatsangehörigkeit verheiratet haben oder endlich den Lehrberuf im Erziehungswesen oder in der Industrie ausüben. In allen diesen Fällen können Fremde kostenlos naturalisiert werden.

Die Möglichkeit, sich in Argentinien naturalisieren zu lassen, ist also sehr leicht, da das darauf bezügliche Gesetz noch aus einer Zeit stammt, wo das Land noch mehr als heute darauf angewiesen war, für die Nutzbarmachung seiner wirtschaftlichen Kräfte den Stamm seiner Bevölkerung zu stärken. Eine Beeinflussung auf die Entschließung, die argentinische Staatsangehörigkeit zu erwerben, findet nicht statt. Im Gegenteil sind Ausländer sogar als Staatsangestellte tätig. Die in Argentinien ansässigen Fremden sind keiner besonderen Besteuerung unterworfen, besitzen in den Stadtgemeinden Stimmrecht und können Mitglieder der Municipalverwaltung ihres Wohnsitzes werden.

Die Stellung der Ausländer — denen ihre heimatliche Gesetzgebung wieder die Erhaltung ihrer Staatsangehörigkeit durch die Eintragung in die Konsulatsmatrikel oder auch ohne diese erleichtert — ist die denkbar freieste. Sie sind den argentinischen Bürgern gleichgestellt, und alle konstitutionellen Garantien finden auch auf sie Anwendung; sie sind jedoch selbstverständlich auch den argentinischen Gesetzen unterworfen. Sie genießen nur insofern eine bevorzugte Stellung in bezug auf ihre bürgerlichen Rechte, als die Verfassung vorsieht, daß Fremde das Recht besitzen, ihre Streitfälle den föderalen Gerichtshöfen, d. h. also Richtern, die von der Nationalregierung in der Hauptstadt und in jeder Provinz bestellt sind, zu unterbreiten. So sind diese Fälle der Jurisdiktion der lokalen Gerichtshöfe enthoben. Die Erwerbung von Grundeigentum ist nicht von dem Besitz der argentinischen Staatsangehörigkeit abhängig. Von der Militärdienstpflicht sind naturalisierte Fremde auf eine Dauer von 10 Jahren befreit.

Nach dem argentinischen Gesetz besitzen die Staatsangehörigkeit 1. alle auf argentinischem Boden geborenen Personen ohne Unterschied der Nationalität ihrer Eltern, ausgenommen die Kinder der diplomatischen Vertreter fremder Staaten und der Mitglieder ausländischer Gesandtschaften; 2. die Kinder argentinischer Staatsangehöriger von Geburt, die im Auslande geboren werden und für die Staatsangehörigkeit ihrer Eltern optieren; 3. alle in argentinischen Gesandtschaften im Auslande oder an Bord argentinischer Kriegsschiffe geborenen Personen; 4. alle in neutralen Gewässern unter argentinischer Flagge geborenen Personen.

Die Ansiedlung und der Landerwerb

Die wichtigsten Mittel und Wege, um in Argentinien das Recht auf Landnutzung zu erlangen, sind die folgenden: Erstens das in aller Welt bekannte und meist gebräuchliche des Kaufes oder der Pachtung von privaten Eigentümern. Zweitens durch Kauf von privaten Kolonisationsgesellschaften, Landgesellschaften und Versteigerungsfirmen. Drittens durch Kauf oder Pachtung vom Nationalstaat oder den Regierungen der Provinzen sowie durch Erwerb eines Anteils in einer staatlichen oder provinzialen Kolonie. Endlich viertens durch Schenkung seitens der Nationalregierung.

Die privaten Grundbesitzer, von denen manche noch ihre Rechte von Landverleihungen spanischer Könige herleiten mögen, denen die Prärogative der ersten Okkupation jedoch von allen Gesetzen bis in die neueste Zeit anerkannt worden ist, besonders die glücklichen Besitzer der Latifundien, von denen manche nach europäischen Begriffen von enormer Ausdehnung sind, pflegen Teile des ihnen gehörigen Grundes und Bodens sowohl zu verkaufen als auch zu verpachten. Der Verkauf findet, wenn nicht unmittelbar, so — wie meist der Fall — durch die Vermittlung einer der zahlreichen Auktionsfirmen in Buenos Aires oder anderen Bevölkerungszentren im Wege der Versteigerung an den Meistbietenden statt, wobei die Zahlungsbedingungen je nach dem einzelnen Falle wechseln. Eine besondere Zahlweise ist die monatliche Abzahlung, die sowohl in den Städten als auf dem Lande Tausenden von Arbeitern, Handwerkern und Beamten zu einem eigenen Heim verholfen hat. Die Monatsraten pflegen 2, 5, 10 und mehr $ m/n zu betragen und sich auf 12, 24 und 50 Monate zu erstrecken. Bei der Verpachtung, welche die Großgrundbesitzer dem Verkauf meist vorziehen, sind die Abmachungen je nach der Gegend, den dort herrschenden Landpreisen, Transportmöglichkeiten und anderen, für die wirtschaftliche Nutzung maßgebenden Faktoren verschieden. Der Pächter bezahlt eine bestimmte Summe in bar oder erlegt den Pachtzins in Form einer Naturalabgabe von 15—33 % der auf dem Pachtgut erzielten Ernte. Oft wird auch eine Teilhaberschaft zwischen Pächter und Eigentümer abgeschlossen, wobei der letztere das Land umzäunt, ferner Saatgut, Maschinen, Vieh usw. zur Verfügung stellt und 50 % der Ernte zu erhalten pflegt. Die Großgrundbesitzer bevorzugen meist das erste System und verpflichten überdies den Ansiedler, das Feld im letzten Jahre der Pachtdauer in einen Luzerneacker umgewandelt wieder zurückzugeben.[1]

Die privaten Kolonisationsgesellschaften pflegen große Bodenflächen, die sich für landwirtschaftliche Nutzung besonders eignen, von Privaten oder auch vom Fiskus zu erwerben, sie in Lose aufzuteilen und diese im Wege der Versteigerung oder zu festen Preisen an die Interessenten zu veräußern. Wesentlich dabei sind die Zahlungserleichterungen, die sie dem Käufer bewilligen. Meist ist nur eine Anzahlung auf den Kaufpreis zu entrichten, der Rest wird auf eine Reihe von Jahren zu einem bestimmten Zinssatz gestundet. Sie sorgen außerdem in der Kolonie für die Schaffung von Verkehrserleichterungen, wie Landungsbrücken, Straßen, für die Bohrungen nach Wasser, für die Beschaffung landwirtschaftlicher Maschinen und von Saatgut u. s. f. Ein Administrator pflegt die Angelegenheiten der Kolonie zu leiten. Wenn es sich bei der Koloniegründung um Staatsland handelt, dessen Besiedelung sie unternehmen, so haben sie bestimmte gesetzliche Vorschriften zu beachten. Die Gesellschaften sind verpflichtet, jeder Familie mindestens 50 ha zu einem im Einvernehmen mit der Regierung festzusetzenden Preis zu übereignen. Das Land muß für landwirtschaftliche Zwecke bestimmt sein. Für die Bewilligung einer Wohnung, von Gerätschaften zur Arbeit, Saat und Konsumartikeln, darf die Gesellschaft dem Ansiedler höchstens den Kostenpreis mit einem Aufschlag von 20 % und 10% Zinsen jährlich berechnen. Neben dem Verkauf findet auch eine Verpachtung statt.

Diese privaten Kolonisationsgesellschaften haben vor allem in den Provinzen Buenos Aires, Santa Fé, Córdoba, ferner Entre Rios und den Sektionen 1, 2 und 3 des Pampaterritoriums zu der Besiedelung der Republik beigetragen. 1913 konnte man ihrer etwa 25 in Buenos Aires zählen.

Eine darunter, die Firma Hugo Ströder y Cia, (Buenos Aires: Calle Lavalle Ecke San Martín; Bahía Blanca: Calle Donado 81) hat von ihrer Gründung im Jahre 1888 bis 1910 allein

[1] Näheres über das Pacht- und Teilhabersystem siehe unter Landwirtschaft.

1 Mill. ha Land in 30 Kolonien der Besiedelung erschlossen und gleichzeitig ungefähr 15 Ortschaften angelegt. Der ebenso wie Hugo Ströder über die Grenzen der Republik hinaus bekannte Kolonisator Rafael Escriña hat sogar 33 Ortschaften begründet. Es würde zu weit führen, hier alle ähnlichen Unternehmen namhaft zu machen. 1913 waren im Gange: die privaten Kolonisationsunternehmen bei Toay, „Colonia Ministro Lobos" am Ostrande des Territoriums Pampa Central und südlich von Bahía Blanca die Colonización Ströder. Alle diese Unternehmen verfolgen keine gemeinnützigen Zwecke, sind vielmehr reine Erwerbsgesellschaften, die auf privatwirtschaftlichen Gewinn ausgehen und auch nicht immer die Hoffnungen erfüllt haben, die ihre Anpreisungen bei denjenigen erweckten, die noch nicht das richtige Urteil über den Ton, in dem sie abgefaßt sind, besitzen. Im ganzen haben sie jedoch segensreich gewirkt und verdienen das Vertrauen des Ansiedlers, der jedoch auf jeden Fall gut tun wird, eine sorgfältige Besichtigung an Ort und Stelle vorzunehmen oder 6—12 Monate in abhängiger Stellung in dem Distrikt, in dem er sich anzusiedeln gedenkt, zu arbeiten, um auf diese Weise sich die nötige Information zu verschaffen.

Einen philantropischen Charakter hat Baron Hirsch's jüdische Kolonisationsgesellschaft, die vor ungefähr 30 Jahren mit 40 Mill. Mark in den Provinzen Buenos Aires und Santa Fé für aus Rußland ausgewanderte mittellose Juden gegründet wurde.

Der Bildung neuer Kolonisationsunternehmungen stehen keine Bestimmungen entgegen. Es sind viele Fälle bekannt, in denen ausländische Unternehmer auch besondere Abmachungen mit den Behörden getroffen haben. So z. B. mit den Provinzialregierungen über die Anlage von Baumwollplantagen u. s. f.

Gelegentlich treten auch Unternehmer als Kolonisatoren auf, deren Geschäftstätigkeit eigentlich auf anderen Gebieten liegt So z. B. die bekannte englische Forestal Land, Timber and Railways Co. Ltd., die sich vorzugsweise mit der Waldausbeute und Quebrachofabrikation im größten Stil beschäftigt. Auch die Eisenbahngesellschaften, die naturgemäß ein Interesse an der Produktionssteigerung längs ihrer Linien besitzen und sich bei ihrer Gründung Landkonzessionen von der Regierung ausbedangen, haben sich kolonisatorisch betätigt. Sie haben besonders in der Vergangenheit eine Rolle in der Besiedelung des Landes gespielt. So hat die Gesellschaft der F. C. Central Argentino als erste Mitte des vergangenen Jahrhunderts Landkonzessionen von der Nationalregierung erhalten und darauf verschiedene Kolonien gegründet. Ähnlich haben die Gesellschaft F. C. Gran Sud de Santa Fé y Córdoba und der F. C. Oeste Santafecino, letzterer mit Hilfe der Provinzialregierung von Santa Fé, gewirkt. Gegenwärtig macht noch die B. A. Western Ry Co. Reklame für die Colonia Alvear. Sie gibt darüber in ihrem Commercial Department Auskunft. Ebenso die Entre Ríos Ry Co., die den Hafen von Ibicuy am Paraná anpreist.

Die Landversteigerungsfirmen begnügen sich damit, Grundbesitz aufzuteilen und zu verkaufen, gewähren ebenfalls Zahlungserleichterungen, überlassen jedoch den Ansiedler seinem Geschicke, ohne eine eigentliche weitergehende kolonisatorische Tätigkeit auszuüben. Es liegt uns ein Beispiel für die Zahlungsbedingungen, unter denen eine der bekanntesten dieser Firmen Landlose — in diesem Falle im Chacoterritorium — abgibt, vor. Diese Verkaufsbedingungen, denen eine eingehende Schilderung aller wirtschaftlichen Verhältnisse beiliegt, lauten:

„Der Verkauf wird in 14 Losen zwischen 1514 bis 4515 ha auf der Versteigerungsbasis von 8 $ m/n je ha vorgenommen. Der Kaufpreis wird wie folgt entrichtet: $^1/_3$ in bar bei der Unterschrift des Kaufkontraktes, $^1/_3$ in einem Jahr, $^1/_3$ in 2 Jahren unter Ausstellung von Hypothekenschuldscheinen und 7 % Zinsen, zahlbar halbjährlich im voraus. Die Urkunden müssen von einem bestimmten Notar ausgefertigt werden. Bei der Versteigerung muß der Käufer 8 % und 2 % Kommission entrichten."

Der Nationalregierung stehen noch alle diejenigen ausgedehnten Gebiete zur Verfügung, die sich weder im Besitze der autonomen Provinzen noch Privater befinden oder ihr seitens der Provinzen für die Kolonisation überlassen wurden. Der weitaus größte Teil dieser Ländereien befindet sich in dem durch den Feldzug General Rocas gegen die Indianer 1879 eroberten Patagonien, durch dessen Erwerb der Bestand Argentiniens an Fiskalland gewaltig zunahm.

Die Regierung hat es von jeher als eine ihrer wichtigsten Aufgaben betrachtet, diese ungeheuren Flächen, von denen nur noch ganz geringe Teile Überreste der indianischen Bevölkerung aufweisen, der Kultur durch Besiedelung zu erschließen und sie dem Staate auch tatsächlich anzugliedern.

Daraus erklären sich die liberalen Bestimmungen für den Erwerb und die Pachtung. Nach dem Landgesetz vom 8. Januar 1903 und den im gleichen Jahre im Anschluß daran erlassenen Zusatzdekreten, durch deren Inkrafttreten die älteren Gesetze von 1876 (mit Ausnahme der darin enthaltenen Bestimmungen über die Einwanderung) und die von 1888 und 1884 aufgehoben wurden, gibt die Nationalregierung sowohl Land in besonderen, der Bildung von Kolonien vorbehaltenen Bezirken, als auch außerhalb derselben ab. Staatsländereien, die für die Anlage von Ortschaften, Ackerbau- und Viehzuchtskolonien geeignet scheinen, werden von Zeit zu Zeit in Parzellen zerlegt und den Kolonisten angeboten. Der Umfang eines Loses darf dort 100 ha für Ackerbauzwecke und 2500 ha für Viehzuchtszwecke nicht übersteigen. Einzelne Personen oder Gesellschaften sollen nicht mehr als zwei Ackerbaugrundstücke oder ein Viehzuchtsterrain oder 4 Ortschaftsgrundstücke erwerben dürfen. Den niedrigsten Preis für ein Grundstück innerhalb einer Ortschaft setzte das Gesetz mit 10 $ m/n je ha fest, für Bauernhöfe (chacras) oder Gartenland (quintas) sollte der Mindestpreis 2,50 $ m/n je ha, zahlbar in sechs jährlichen Raten, betragen. Das Gesetz verpflichtet die Käufer von Ortschaftsgrundstücken, diese einzuzäunen und darauf innerhalb von Jahresfrist eine Wohnung nebst Zubehör zu errichten. Käufer von chacras und quintas sollen innerhalb zweier Jahre ein Wohnhaus bauen und haben ihr Land nach amtlicher Angabe zu bestellen.

Außerhalb dieser für die Anlage von Kolonien und Ortschaften bestimmten Staatsländereien sieht das Gesetz die Möglichkeit der Pachtung und des Kaufes fiskalischer Ländereien vor und zwar in letzterem Falle sowohl im Wege der Versteigerung wie auch durch direkten Kauf. Die Verkaufsbedingungen im Falle der Versteigerung werden jeweils von der Regierung festgesetzt; der niedrigste Preis ist 1 $ m/n je ha, zahlbar spätestens binnen 5 Jahren bei 6 % jährlichen Zinsen und 10 % Anzahlung. Mehr als 20 000 ha dürfen dabei weder von einer Person noch von einer Gesellschaft erworben werden. Die Käufer übernehmen die Verpflichtung, das Land innerhalb zweier Jahre zu bebauen und in dem Betrieb eine Anlage eigenen Kapitals von mindestens 2000 $ m/n für Vieh und mindestens 500 $ m/n für Baulichkeiten je legua zu machen. Bei direktem Verkauf von innerhalb oder außerhalb der Viehzuchtskolonien gelegenen Ländereien gelten als Mindestpreise ebenfalls 1 $ m/n je ha, zahlbar binnen spätestens 5 Jahren unter Berechnung eines jährlichen Zinsfußes von 6 %. Die einzelnen Lose dieser Ländereien dürfen jedoch 2500 ha nicht übersteigen. Werden sie für Ackerbauzwecke benutzt, so müssen sie innerhalb einer von der Regierung näher zu bestimmenden Frist mit Vieh und Gebäuden im Werte von mindestens 500 $ m/n je legua besetzt werden. Die Vermessungsarbeiten werden auf Kosten des Käufers vorgenommen.

Die vollziehende Gewalt kann denjenigen Käufern, die den sechsten Teil des Kaufpreises in bar erlegt und auch in sonstiger Hinsicht die Ansiedelungsbedingungen erfüllt haben, die endgültigen Besitztitel einhändigen, doch bleibt das Grundstück für den Restbetrag der noch fälligen Ratenzahlungen bis zu deren Amortisation hypothekarisch belastet.

Die Ausfertigung der Titel erfolgt in Form von Blockzertifikaten, deren Talons im Besitze der zuständigen Behörden verbleiben; dieselben besitzen die Rechtsgültigkeit öffentlicher Urkunden und sind demgemäß in die entsprechenden amtlichen Register einzutragen.

In der nämlichen Form hat die Ausstellung der Besitztitel für Ortschafts- und Koloniegrundstücke sowie der Pachtkontrakte zu erfolgen.

Die mit der Ausfertigung der Besitztitel in den Nationalterritorien betrauten Notare und sonstigen Beamten sind verpflichtet, jedwede Veräußerung und die Umstände, unter denen eine solche stattgefunden hat, binnen einer Frist von drei Monaten zur Kenntnis des Land- und Kolonialamtes zu bringen, widrigenfalls sie einer der Grundsteuer des betreffenden Besitztums gleichkommenden Geldstrafe verfallen.

Inseln dürfen nicht verkauft werden, doch kann die vollziehende Gewalt dieselben in Pacht geben.

Die eigenmächtige Besiedelung von Staatsländereien bedingt in Zukunft keinerlei Vorkaufsrecht.

Durch das Heimstättengesetz von 1917 ist dieMöglichkeit, das Nutzungsrecht auf staatliches Land zu erwerben, auf eine neue Grundlage gestellt und wesentlich ausgedehnt worden. Das dem Homestead Law der Union wenn auch nicht gleichende, so doch in seinem Wesen nahestehende „Ley del hogar“ der argentinischen Republik von 1917, das zur Förderung der landwirtschaftlichen Siedelung erlassen wurde, sieht die geschenkweise Überlassung als unantastbares, jedoch unveräußerliches Eigentum von Staatslandparzellen im Ausmaß von 20—200 ha an Inländer und Fremde, die argentinische Bürger werden wollen, vor. Für die Verteilung sind 15 Mill. ha im Chaco (den Territorien Chaco und Formosa) zu beiden Seiten der zum Teil schon bestehenden, zum Teil in Bau befindlichen Staatsbahnen, 1 Mill. ha im Territorium Misiones, zwischen dem oberen Paraná und dem oberen Uruguay, deren Regulierung zwischen Ituhaingó und Posadas einerseits und auf der Höhe von Concordia andererseits geplant ist, und 3 Mill. ha im Chubutterritorium am gleichnamigen Flusse in der Nähe der Bahn und des Hafens besonders vorgesehen.

Die hauptsächlichsten Bestimmungen des Gesetzes sind folgende:

Art. 1. Die Heimstättengründung bedeutet eine Beihilfe der Regierung für das argentinische Gemeinwesen. Alle Gesetze, die diesem entgegenstehen, werden hiermit aufgehoben.

Art. 2. Die Landstellen sind Eigentum der betr. Familie und können weder verpfändet, verkauft noch abgetreten werden, außer an eine andere Familie und unter Bewilligung der zuständigen Behörde.

Die schenkungsweise Übertragung von seiten der Regierung verliert ihre Gültigkeit durch Nichtbesitzergreifung oder Verlassen des Grundstückes. Die auf diese Weise frei gewordenen Ländereien stehen somit zur anderweitigen Verfügung und können durch einen Nachbarn erworben werden, wenn dessen Grundstück mit diesem vereint nicht die durch das Gesetz bestimmte Höchstgröße überschreitet.

Die Jahreserträge können nur bis zur Hälfte zum Zwecke Tilgung eingegangener Schulden gepfändet oder verkauft werden in Übereinstimmung mit den Verfügungen des bürgerlichen Rechtes.

Art. 3. Jeder Bürger und Familienvater oder jeder Ausländer in gleicher Eigenschaft sowie jedes Mädchen oder Witwe über 22 Jahre können beim Staate um Überlassung von freien Ländereien in der Größe von 20—200 ha nachsuchen, vorausgesetzt, daß der Antragsteller ein einwandfreies Vorleben besitzt und im Augenblicke der Beantragung oder Besitzergreifung nicht schon Eigentümer eines anderen Anteils ist. Im Falle des Ablebens des Familienvaters folgt ihm seine Familie in allen seinen Rechten. Seine Kinder können nach erreichter Großjährigkeit, ebenso wie jeder andere Bürger, um Überlassung einer eigenen Heimstätte im gleichen oder in einem anderen Bezirk beim Staate nachsuchen.

Art. 4. Die minderjährigen Söhne und unverheirateten Töchter der Familie haben ein Anrecht auf Unterhalt in der Heimstätte. Nach erreichter Großjährigkeit aller Kinder kann diese unter Beobachtung der allgemein gültigen Rechtsgrundsätze aufgeteilt werden.

Art. 5. In jeder Siedlung bleibt eine von der Regierung bestimmte Fläche für die Gründung eines Dorfes vorbehalten, während eine andere, bezw. deren Verkaufsertrag, als Schulfonds dient.

Art. 6. Für diese Schenkungen bedarf es keiner öffentlichen Urkunde; es genügt vielmehr die vom Staate ausgestellte Bescheinigung mit beigegebenem Lageplan, die nach erfolgter Besitzergreifung vom Gouverneur kostenlos ausgestellt wird und von der zuständigen Behörde ebenso einzutragen ist.

Art. 7. Die Regierung wird ein Gesetz erlassen, wonach die Anbaubedingungen für jede einzelne Zone geregelt werden.

Art. 8. Jede Siedelung erhält ihre Schule und Verwaltungsbehörde.

Art. 12. Jede Handlung, die darauf abzielt, sich Heimstätten unrechtmäßig anzueignen, wird nach Maßgabe des bürgerlichen Rechts als Betrug bestraft.

Art. 13. Eigentümer von Land- oder Stadtgrundstücken, die frei von jeglicher Belastung sind und keine Steuern oder Abgaben schulden, haben das Recht, vor einer richterlichen Behörde ihre Willenserklärung abzulegen, wodurch sie einen bestimmten Teil ihres Besitzes als Heimstätte erklären. Solche, die mehrere Grundstücke besitzen, können diese Erklärung nur in bezug auf ein einzelnes nach freier Wahl abgeben.

Dieses Recht darf sich nur auf Heimstätten bis zu einem Wert von 10 000 $ m/n erstrecken und ist Dritten gegenüber nach erfolgter Eintragung in bezug auf Art. 2 gültig.

Art. 14. Wenn es sich notwendig erweist, kann die Regierung nach Kenntnisnahme der Sachlage auf Ansuchen des Siedlers bei der Nationalbank um eine Beihilfe für diesen zwecks Beschaffung von Tieren, Geräten und Saatgut einkommen, die ihm unter den Bedingungen einer vorher vereinbarten Rückzahlung alsbald ausgehändigt werden.

Art. 15. Die Regierung bestimmt die Größe der einzelnen Anteile bis zu 200 ha, je nachdem sich der Boden für eine mehr oder minder intensive Bearbeitung eignet.

Art. 16. Diejenigen, die sich gegenwärtig auf Staatsländereien festgesetzt haben, können, falls sie nicht kontraktlich dazu berechtigt sind, nach Wahl ein Landstück als unter das Heimstättenrecht fallend erklären, auch wenn sie nicht Familienväter sind. Die Besitzergreifung muß jedoch schon vor 1916 erfolgt sein. Betrug oder Fälschung zieht die durch das Gesetz bestimmten Strafen nach sich.

Soweit das Gesetz. Rechnet man eine durchschnittliche Überlassung von 100 ha, so bietet sich in den für die Besiedlung besonders ausersehenen, oben angegebenen Gebieten Raum für etwa 200 000 Kolonistenfamilien, bei 50 ha Durchschnittsausmaß für die doppelte Zahl. Durch den Erlaß des Heimstättengesetzes hat die Regierung des Präsidenten Irigoyen gezeigt, daß sie die Zeichen der Zeit versteht und erkennt, wie wertvoll für den Nationalreichtum die Schaffung einer bodenständigen Ackerbaubevölkerung ist.

In geringerem Maße, jedoch nicht ohne Erfolg, haben sich eine Reihe von Provinzen kolonisatorisch betätigt und den Heimsuchern Siedelungsmöglichkeit geboten.

Die Provinz Buenos Aires besaß kurz vor dem Kriege noch ca. 325 000 ha Fiskalland, meist unzusammenhängend in einzelnen Distrikten verstreut.

Die Provinz Entre Ríos wies 1912 einen Besitz an Fiskalland von 250 000 ha auf, die unter günstigen Bedingungen auf einer Basis von 2.5 $ m/n je ha versteigert wurden, wobei der Kaufpreis in 8 Jahresraten, die erste davon im voraus, zu entrichten und für den Rest Hypotheken aufzunehmen waren. Auch Regierungskolonien hat diese Provinz erfolgreich eingerichtet. 1912 wurden die folgenden 10 gezählt: Algarrobitos, Camps, Delicias, Ensayo, Gob. E. Duportal, Lucas Gonzalez, Los Paraisos, La Llave, Presidente Avellaneda und Rivas, die durch den Staat kontrolliert und verwaltet werden und auf 22 242 ha 5365 Männer, 321 Frauen mit 700 Kindern beherbergten. 1913 arbeitete die Provinz, um dem Mißverhältnis einer Zuwanderung von nur 1500 Köpfen aus einem mehrere 100 000 Seelen zählenden Einwanderungsstrom abzuhelfen, in Gemeinschaft mit dem Direktorium des F. C. Entre Ríos, einen neuen Kolonisationsplan aus, demzufolge die Ländereien in einem Umfange von 4 leguas um die Bahnstationen enteignet, in Lose aufgeteilt und kolonisiert werden sollten. Die Bahnverwaltung ihrerseits sollte die Lose einzäunen, Häuser bauen, Maschinen, Tiere und Saat liefern sowie den Ansiedlern bei Mißernten finanziellen Rückhalt bieten.

Die Provinz Corrientes begünstigte durch die Schaffung eines Kolonisationsgesetzes (1913) Kolonisationsunternehmen durch vorteilhafte Bedingungen und erzielte mit der Kolonie bei Esperada augenscheinlich befriedigende Ergebnisse. Die Bedingungen der Kolonie von Empedrado — 100$ m/n Kaufpreis je ha fruchtbaren, in geringer Entfernung des Paranáflusses gelegenen Landes, Kreditierung des Kaufpreises bis zu 10 Jahren — können als günstig bezeichnet werden.

Als weiteres Beispiel möge ein Kolonisationsprojekt der Provinz Córdoba, das kurz vor dem Kriege schwebte und 2500 ha in verschiedenen departementos betraf, genannt werden. Nach den damals veröffentlichten Bedingungen konnte das Land nur auf dem Wege des Kaufes und der Versteigerung erworben werden, wobei jedoch die Regierung Kredit einräumte. Das für Getreidebau bestimmte Land war in Lose von 25 ha, das berieselbare in solche von 5 ha eingeteilt. Der Verkauf sollte zu Selbstkostenpreis geschehen. Von der Kaufsumme waren 10 % in bar, der Rest in 15 Jahresraten nebst 7 % Zinsen zahlbar. Zugunsten der Provinz mußte eine Hypothek eingetragen werden. Dem Käufer wurde zur Bedingung gemacht, das Land selbst zu bewohnen und zu bebauen und es innerhalb von 5 Jahren zu kultivieren. Mehr als 500 ha an unbewässertem oder 15 ha an bewässertem Land sollten an eine Person nicht abgegeben werden.

Die Landpreise und der ländliche Kredit

Die Zeiten, in denen sich die argentinischen Grundbesitzer sozusagen über Nacht durch die Wertsteigerung ihrer Ländereien im Besitze gewaltiger Reichtümer sahen, sind heute vorüber. Um das Jahr 1902 hat die Bewegung der Höherbewertung eingesetzt, um — wenn auch zeitweilig von Rückschlägen unterbrochen — sich ungefähr bis 1910 fortzusetzen, bis die unausbleibliche Überbewertung ihre Folgen zeigte und einer ruhigeren Beurteilung Platz machte. Der innere Grund dieser wirtschaftlichen Erscheinung war die Erkenntnis von der Leistungsfähigkeit und Produktionskraft der argentinischen Ebenen und Wälder, von den Gewinnen, die sich mit den Produkten des Ackerbaues und der Viehzucht auf dem Weltmarkt erzielen ließen. Daß diese Produktionsfähigkeit in gewissen Perioden, wie den Jahren um 1910 überschätzt worden ist und daß in der Diskontierung kommender Werte zu weit gegangen wurde, ist verständlich bei einem Lande, das so plötzlich seine Reichtümer entdeckte, wie es bei Argentinien der Fall war. Während der letzten Friedensjahre konnte man ein Nachlassen der Preise konstatieren, das mit einer allgemeinen Krisis Hand in Hand ging. Seit 1914 litten die Geschäfte in Liegenschaften unter einer starken Depression, die Umsätze hielten sich in engen Grenzen, die Preise fielen, es fehlte an Unternehmungslust und Vertrauen.

Gegenwärtig darf die Krisis auf dem Grundstücksmarkt als überwunden gelten. Die Preise beginnen allmählich wieder zu steigen, wozu die Nachfrage nach anbaufähigem Land infolge der guten Preise, die die landwirtschaftlichen Produkte erzielt haben, und die starke Ansammlung flüssiger Mittel — der Kriegsgewinne des Landes — beitragen. Wenn, wie mit einiger Gewißheit vorausgesagt werden kann, eine starke Einwanderung nach der Republik nach Abschluß des Friedens und Wiederherstellung normaler Verkehrsverhältnisse einsetzt, so dürfte diese aufwärts gerichtete Bewegung weiter anhalten. Im allgemeinen sind jedoch die Landpreise in Argentinien noch niedriger als in anderen Ländern, deren Klima, Fruchtbarkeit und Weltlage weniger günstig sind, als es bei Argentinien der Fall ist.

Maßgebend für die Preise, zu denen der Ansiedler und Kapitalist in Argentinien Besitz erwerben oder pachten kann, sind natürlich Faktoren wie Bodenbeschaffenheit, Entfernung von Transportwegen, Bewässerungsmöglichkeit, das Vorhandensein von Wasser u. s. f. Es ist verständlicherweise nur möglich, ganz allgemeine Angaben über Landpreise zu machen.

Was die Landpreise betrifft, die die Nationalregierung für Fiskalländereien fordert, so sind die Mindestpreise sowohl für Verpachtung als Kauf gesetzlich festgelegt. Für den Verkauf der fiskalischen Ländereien in den Nationalterritorien hat die Regierung die Versteigerungsbasis von 1 $ m/n je ha für Acker- und Weideland und 2.50 $ für Ländereien, die für Gemüse- und Gartenbau bestimmt sind, festgesetzt. Sie sind in 5 gleichen Jahresraten mit 6 % abzuzahlen. Es ist wohl zu beachten, daß die Preise nur Grundpreise für die Versteigerung darstellen und zu den Landpreisen noch die Vermessungskosten kommen. Der tatsächliche Preis ist natürlich weit höher.

Nach statistischen Erhebungen im Jahre 1915 wurde der dem Staate verbleibende Landbesitz in den Nationalterritorien, dessen Gesamtfläche 83 492 100 ha im Werte von 519 597 587 Mill. $ m/n beträgt, folgendermaßen ausgewiesen:

Territorien	Gesamtfläche in ha	Staatseigentum in ha	Wert je ha in $ m/n	Prozentsatz des Staatseigentums
Formosa	9 412 000	7 888 552	4	10.72
Chaco	10 367 250	7 844 383	10	76.13
Misiones	2 952 000	1 271 513	7	71.13

Territorien	Gesamtfläche in ha	Staatseigentum in ha	Wert je ha in $ m/n	Prozentsatz des Staatseigentums
Pampa Central ...	14 425 000	1 490 036	8	59.60
Río Negro	19 872 000	14 123 120	8	43.10
Neuquén..........	9 648 000	5 667 814	6	80.75
Chubut	22 428 000	18 279 228	5	85.45
Santa Cruz	23 752 000	19 637 877	5	78.00
Feuerland.........	2 132 900	1 541 977	6	83.82
Los Andes	5 696 600	5 696 600	2	100.00
Staaten Inseln	51 000	102 000	2	50.00

Die Pachtpreise haben bis 1912 ein Maximum von 200 $ m/n je 2500 ha nicht überschritten, was den Zinsen eines Kapitals von 2500 $, also dem Kaufpreis derselben Fläche zu 8 % gerechnet, entspricht. Im argentinischen Landamt (Oficina de tierras, Buenos Aires) liegen die Pläne und Bedingungen für die Interessenten aus.

Was die in Privathand befindlichen Ländereien anbelangt, so wechselt deren Preis natürlich ebenfalls ganz außerordentlich nach Lage und wirtschaftlicher Nutzungsmöglichkeit. Am höchsten sind die Preise in der Umgebung von Buenos Aires, im Paranádelta, in den Ackerbauprovinzen Buenos Aires, Santa Fé und Entre Ríos, in Mendoza und dort, wo künstliche Bewässerungsanlagen vorhanden sind.

Einige Verkäufe von Mitte November und Dezember 1918 mögen einen Begriff von den gegenwärtigen Landpreisen geben:

Nach dem Bericht der Firma Gibson Gebrüder in Buenos Aires fanden in der Woche zum 29. November u. a. folgende Verkäufe statt: 2445 ha Land in Losen von ca. 300 ha im Bezirk Tres Arroyos, Provinz Buenos Aires, gingen bei der Versteigerung an verschiedene Käufer zu einem Durchschnittspreis von 246,5 $ m/n je ha ab. 2990 ha Land in der Pampa Central wurden kommissionsweise für 86,80 $ m/n je ha verauktioniert. Eine Farm von 291 ha in der Provinz Córdoba, eine legua vom Río Cuarto entfernt gelegen, mit Bewässerungsrecht vom Kanal Ermita aus, wurde zu 41 600 $ m/n versteigert. 15 441 ha Land, ungefähr 5 leguas westlich von Tobas, F. C. Central Norte, in der Provinz Santiago del Estero, wurden für 2,90 $ m/n je ha verauktioniert. 25 000 ha, zerteilt in Bauerngüter in der Kolonie Alvear, Provinz Mendoza, wurden von verschiedenen Käufern in Auktion zu insgesamt 1 032 350 $ m/n erworben (ca. 41 $ m/n je ha). 10 000 ha Land in der Pampa Central brachten auf der Auktion 27 100 $ m/n (2,71 $ m/n je ha). 10 000 ha auf dem nördlichen Ufer des Río Colorado (Pampa Central) wurden für 6,7 $ m/n je ha versteigert. 10 000 ha auf dem südlichen Ufer des Río Colorado im Territorium Neuquén erbrachten in der Auktion 4 $ m/n je ha.

In der Woche zum 13. Dezember wurden nach den Angaben

der gleichen Firma folgende Verkäufe getätigt: 1687 ha im Bezirk Navarro, Provinz Buenos Aires, aus Privatbesitz zu 425 $ m/n je ha. Eine Farm von 321 ha, zwei leguas von dem F. C. Central Argentino entfernt, im Bezirk Pergamino, Provinz Buenos Aires, wurde in Auktion kommissionsweise zu 275 $ m/n je ha gekauft. 7500 ha Kamp in der Pampa Central auf Auktion für 250 000 $ m/n (ca. 33 $ m/n je ha). Eine in jeder Beziehung ausgestattete Farm von 675 ha, eine legua von dem F. C. Central Argentino in der Provinz Córdoba entfernt, erbrachte auf der Auktion 143 000 $ m/n (ca. 212 $ m/n je ha). Eine Estancia von 10 000 ha in der Pampa Central erbrachte auf der Auktion 15,50 $ m/n je ha. 204 ha Kamp, 5 leguas von einer Station des F. C. Sud im Bezirk Alvear der Provinz Buenos Aires, erbrachten auf der Auktion 175 $ m/n je ha.

Einen Begriff von den Bodenpreisen innerhalb von Kolonien gibt eine Anpreisung von Land im „Emporio Stroeder", das nahe dem Hafen San Blas an der atlantischen Küste günstig gelegen ist. Kurz vor dem Kriege kostete dort ein Bauerngut von 25 ha 140 $ m/n je ha, Gartenland von 2—15 ha 180 $ m/n je ha und kleinere Grundstücke 5 cts je qm, 1/3 des Preises beim Kaufabschluß, der Rest in Jahresraten nebst den üblichen Zinsen zahlbar.

Was den Kredit, den der ländliche Grundbesitz in Anspruch nimmt, anbelangt, so ist er stark verbreitet und wird sowohl für kleine, mittlere als auch große Objekte beansprucht. Dem Bedürfnis kommt das anlagesuchende Kapital entgegen, zumal die Gelegenheit zur Investierung in industriellen Werten beschränkt ist und die hypothekarischen Darlehen durch die ziemlich stetige Steigerung des Bodenwertes an Sicherheit gewinnen.

Die Nachfrage hat jedoch zu Zeiten das Angebot überstiegen, der hypothekarische Kredit kam teuer zu stehen, und die verhältnismäßig wenig zahlreichen Hypothekenbanken erzielten hohe Gewinne. Noch vor einigen Jahren hielt sich der Hypothekenzinsfuß auf 9 %, um dann aber mit Zunehmen der anlagesuchenden Mittel und Vermehrung der Institute herabzugehen. Die von dem Generaldirektor der Direktion für Landwirtschaft und Statistik, Emilio Lahitte, herausgegebene Estadística agricola gibt über den ländlichen Hypothekarkredit im Jahre 1914 Auskunft:

Provinzen und Territorien	Hypotheken auf ländlichen Besitz 1913 und 1914:			
	Hypothekierte Fläche in ha	Wert in $ m/n	Hypothekierte Fläche in ha	Wert in $ m/n
	1913		1914	
Buenos Aires..	1 497 837	116 013 298	1 627 096	100 735 775
Santa Fé	1 806 231	31 084 578	1 088 222	39 647 244
Córdoba	935 235	57 019 078	1 050 552	47 117 356
Entre Ríos ...	298 224	9 906 789	412 777	11 978 193
Corrientes.....	4 997	125 307	30 518	325 052
Uebertrag	4 542 524	214 149 050	4 209 165	199 803 620

Provinzen und Territorien	Hypotheken auf ländlichem Besitz 1913 und 1914: Hypothekierte Fläche in ha	Wert in $ m/n	Hypothekierte Fläche in ha	Wert in $ m/n
	1913		1914	
Uebertrag	4 542 524	214 149 050	4 209 165	199 803 620
Tucumán	54 084	3 380 953	77 116	4 510 685
Mendoza	911 392	19 479 285	1 214 679	33 264 390
San Juan	9 486	1 202 405	4 137	1 064 129
San Luis	224 267	3 654 459	250 769	6 692 488
Santiago del Estero	—	—	534 945	6 653 204
La Rioja	—	—	14 930	112 758
Salta	292 255	4 042 722	367 848	4 885 885
Jujuy	68 099	11 785 575	17 397	769 161
Catamarca	77 458	264 960	36 489	230 842
Pampa Central	513 373	11 601 994	485 124	9 533 240
Río Negro	238 523	4 293 230	180 236	2 561 627
Neuquén	214 971	1 486 909	208 959	1 024 420
Chaco	388 624	9 250 205	157 579	1 343 931
Misiones	119 308	514 007	500	100 000
Formosa	20 000	100 000	32 445	152 729
Chubut	112 579	455 313	142 056	970 042
Santa Cruz	45 692	297 790	173 155	2 158 671
Feuerland	—	—	—	—
Los Andes	—	—	—	—
Insgesamt	6 832 635	285 958 857	8 107 529	275 831 822

Der Anteil des Banco Hipotecario Nacional, der staatlichen Hypothekenbank der Nation, welche die bekannten in England Frankreich, Deutschland und besonders Belgien untergebrachten Cédulas ausgibt, an der Beleihung ländlichen Besitzes ist dabei nicht sehr bedeutend gewesen. Von Beleihungen im Werte von 882 716 797 $ m/n, die 1907/11 auf ländliche Hypotheken entfallen, kommen nur 14 % auf solche, die dieses Institut ausgab, das dabei auch noch die großen Objekte vorzog. Die Bank gewährte 1913 bezw. 1914 auf 753 bezw. 474 ländliche Besitzungen von insgesamt 1 103 660 und 831 462 ha Flächeninhalt Hypotheken in der Höhe von 33 378 000 bezw. 23 035 100 $ m/n und zwar vorwiegend in den Provinzen Buenos Aires, Santa Fé und Mendoza.

Auf Grund des Gesetzes Nr. 9155 gewährt die Nationalhypothekenbank 1918/19 hypothekarische Darlehen in Höhe von 1000—500 000 $ m/n zu 6 % Zinsen, 1 % Amortisation und 1 % Kommission. Außerdem bestehen auch noch verschiedene Privathypothekenbanken wie die Sociedad Hipotecaria Belgo-Argentina und der Banco Hipotecario Franco-Argentino, die Hypotheken in Gold sowohl auf Stadtgrundstücke als auf ländlichen Besitz und zwar auf lange Fristen ohne Begrenzung des Betrages gewähren. Ferner sind zu nennen: Crédito Territorial Argentino, The River Plate Trust Loan and Agency Co., Banco Hipotecario Suizo Argentino. Weiter kommen noch der Banco Agricola und vor allem Private als Geldgeber in Betracht.

Im Herbst 1915 wurde ein Gesetzentwurf vom Senat angenommen, der die Gründung einer Ackerbaubank durch den Staat vorsah. Die Bank war als Zentralstelle für den landwirtschaftlichen Genossenschaftskredit gedacht und eine ihrer wichtigsten Aufgaben sollte die Diskontierung der Kreditpapiere der ländlichen Kooperativgesellschaften und privaten Ackerbaubanken bilden; sie sollte jedoch auch direkt als Institut für den ländlichen Hypothekarkredit fungieren. Bisher hatten die seßhaften Landwirte mit eigenem Besitz den Kredit der Bank der Nation in Anspruch genommen, die aber, da sie wesentlich mit kurzfälligen Sichtdepositen arbeitet, eine längere Festlegung der Mittel sich eigentlich nicht erlauben kann. Die neue Bank sollte mit einem Kapital von 80 Mill. $ ausgestattet werden, das jedoch nur den Kristallisationspunkt zu bilden hatte, um den sich die von den Genossenschaften aufzubringenden Mittel konzentrieren sollten. Nun haben sich zwar die Genossenschaften während der letzten Jahre günstig entwickelt, bislang jedoch haben sie noch keine Rolle bei der Beschaffung von Hypothekarkredit zu spielen vermocht.

Die Landwirtschaft im allgemeinen

Ackerbau und Viehzucht bilden das Fundament der Volkswirtschaft Argentiniens, die Quelle seines Reichtums und das wichtigste privatwirtschaftliche Betätigungsfeld seiner Bewohner sowie der Einwanderer. Die gewaltigen Ebenen laden geradezu zur Bestockung mit Rindvieh, Pferden und Schafen sowie zur Bearbeitung mit dem Pfluge ein.

Verhältnismäßig spät, erst nach der Befestigung der innerpolitischen Verhältnisse, nach der Ausbreitung des Bahnnetzes, und nachdem die Einwanderungsbewegung die nötigen Arbeitskräfte lieferte, hat sich die argentinische Landwirtschaft zu ihrer heutigen Bedeutung entwickeln können, und weiter auch wird die Voraussetzung ihres Wachstums die Ausbreitung der Schienenwege und der Zustrom ausländischer Einwanderer bleiben.

Wie überall in der Welt, so hat sich auch in Argentinien der Ackerbau auf Kosten der Viehzucht entwickelt, und ist es der Ackerbau, der den allgemeinen wirtschaftlichen und kulturellen Fortschritt bedingt. Anders jedoch als es in Europa der Fall zu sein pflegt, findet man in Argentinien Ackerbau und Viehzucht nicht miteinander eng verknüpft, sondern voneinander gesondert betrieben und dort, wo sie gleichzeitig vorhanden sind, durchweg nur nebeneinanderstehend, ohne sich zu ergänzen. Anders auch als in Europa ist der landwirtschaftliche Betrieb ganz überwiegend extensiv. Der Ackerbau ist — nach argentinischem Maßstab wenigstens — Gegenstand des Kleinbetriebes, der sogenannten „chacras" von 50—200 ha Ausmaß. Die Viehzucht dagegen wird auf zum Teil gewaltig ausgedehnten Flächen auf den „estancias" betrieben.

Der Ackerbau

Die Ackerbauzone liegt in den Provinzen Buenos Aires, Santa Fé, Entre Ríos, Córdoba und Teilen der Provinz San Luis sowie im Territorium Pampa Central. 90 % ungefähr des gesamten Ackerbaues entfallen auf diese Zone. Der größte Teil davon ist eben und weist, abgesehen von Teilen Córdobas und der Pampa, außerordentlich fruchtbaren Boden mit wenig Steinen auf. Jedoch ist der Ackerbau nicht auf diese Gebiete beschränkt. Der Pflug erobert alljährlich neue Gebiete, besonders in den Territorien Río Negro und Chubut.

Wie gesagt ist der Ackerbau Gegenstand des Kleinbetriebes; er liegt meist in Händen von eingewanderten Ausländern und deren Nachkommen. In den wichtigsten der Ackerbauprovinzen, Buenos Aires und Santa Fé, überwiegen die Betriebe von 10 bis 200 ha, wie folgende Aufstellung über die Einteilung des ländlichen Besitzes in den Jahren 1911 und 1914 zeigt:

Die Einteilung des ländlichen Besitzes 1911 und 1914
Provinz Buenos Aires

Einteilung des Besitzes	Anzahl der Eigentümer 1911	Anzahl der Eigentümer 1914	Prozentuale Zu- oder Abnahme
Von 10 bis 25 ha	14 001	17 464	+ 24.7
„ 26 „ 50 „	14 191	15 016	+ 5.8
„ 51 „ 100 „	9 248	10 117	+ 9.4
„ 101 „ 200 „	7 466	7 483	+ 0.2
„ 201 „ 300 „	3 850	3 167	— 17.7
„ 301 „ 650 „	4 940	5 267	+ 6.6
„ 651 „ 1 250 „	3 256	3 297	+ 1.3
„ 1 251 „ 2 500 „	2 530	2 382	— 5.8
„ 2 501 „ 5 000 „	1 649	1 627	— 1.3
„ 5 001 „ 10 000 „	682	857	+ 25.7
Größer als 10 000 „	306	368	+ 20.3
Insgesamt	62 119	67 045	+ 7.9

Provinz Santa Fé

Einteilung des Besitzes	Anzahl der Eigentümer 1911	Anzahl der Eigentümer 1914	Prozentuale Zu- oder Abnahme
Von 10 bis 25 ha	6 876	7 803	+ 13.5
„ 26 „ 50 „	6 830	7 592	+ 11.2
„ 51 „ 100 „	7 276	7 918	+ 8.8
„ 101 „ 200 „	7 875	8 121	+ 3.1
„ 201 „ 300 „	3 020	3 144	+ 4.1
„ 301 „ 650 „	2 545	2 397	— 5.8
„ 651 „ 1 250 „	1 263	1 202	— 4.8
„ 1 251 „ 2 500 „	768	773	— 0.6
„ 2 501 „ 5 000 „	566	561	— 0.9
„ 5 001 „ 10 000 „	205	198	— 3.4
Größer als 10 000 „	136	132	— 2.9
Insgesamt	37 360	39 841	+ 6.6

Meist finden sich die Ackerbaubetriebe längs der Bahnlinien und im Umkreis der Städte, von wo aus eine Transportgelegenheit gegeben ist.

Je nachdem der Einwanderer über Geldmittel verfügt oder nicht, stehen ihm verschiedene Wege offen, um in Argentinien Ackerbau zu treiben. Für den mittellosen Einwanderer oder denjenigen, der sich, ohne seine Mittel zu riskieren, erst mit der Art des landwirtschaftlichen Betriebes in Argentinien vertraut machen will, kommt das System der Halbpartnerschaft oder Halbpacht in Frage, das ebenso wie die Vollpacht besonders von italienischen Kolonisten seit Jahrzehnten erfolgreich angewandt wird. Der Gang der Dinge pflegt folgender zu sein: Der mittellose Einwanderer läßt sich durch das Einwanderungsamt zur Ernte in eine der Ackerbauprovinzen befördern, legt den Lohn, den er während einer oder mehrerer Ernten und als ständig beschäftigter Landarbeiter erzielt, zurück und wendet sich an einen Grundbesitzer, der Teile seines Landes zu verpachten wünscht, weniger um sich Einnahmen zu verschaffen als, wie meistens der Fall, um jungfräuliches Land bearbeiten und es für die Zwecke der Viehzucht besser geeignet machen zu lassen. Er schließt mit dem Grundbesitzer, wenn dieser ihn für vertrauenswürdig und tüchtig hält, einen Vertrag für die Dauer von meist 3—5 Jahren, demzufolge dieser ihm ein Stück Land zur Bearbeitung kostenlos überläßt, ihm weiter alle für den Ackerbau notwendigen Gerätschaften, Maschinen und Tiere, ferner alle Lebensmittel und was er sonst für das erste Jahr benötigt, zur Verfügung stellt. Der Besitzer macht dem Partner Vorschriften über die Art des Anbaues, bestimmt, ob Weizen oder Mais oder andere Kulturen getrieben werden sollen und verlangt meist, daß im letzten Pachtjahr mit dem Weizen auch Luzerne gesät wird, so daß er, wenn der Vertrag abgelaufen ist, das Land in Luzerneweide umgewandelt zurückerhält. Die Unkosten des Dreschens und des Abfahrens trägt zur Hälfte der Partner, zur Hälfte der Besitzer. Von der Ernte, die er einbringt, gehört ihm die eine, dem Besitzer die andere Hälfte. Der Halbpartner (mediero) steht also in einem engen Verhältnis zu dem Grundbesitzer (terrateniente) und spielt eher die Rolle eines interessierten Knechts als die eines selbständigen Unternehmers. Das Risiko für den Halbpartner ist sehr gering. Die Gewinnchance hängt natürlich von der Witterung und dem Ernteausfalle wesentlich ab. Ist letzterer günstig, so kann der Halbpartner nach Ablauf des Vertrages einige tausend Papierpesos verdient haben. Einwanderer, die über Mittel verfügen, die jedoch nicht ausziehen, um sich sofort selbständig zu machen, oder die ebenfalls erst die notwendige Erfahrung sammeln wollen, ziehen die Vollpacht von einem Großgrundbesitzer vor, bei der sie unabhängiger sind, einen größeren Gewinn erzielen können, jedoch auch dem Risiko, das der Landwirt in allen Ländern mehr oder weniger tragen muß, stärker ausgesetzt sind.

Bei der Vollpachtung (arrendamiento) zahlt der Pächter für die Überlassung des eingezäunten Landes durch den Besitzer entweder eine bestimmte Summe oder aber 10—33 % der Ernte in natura und übernimmt die Verpflichtung, im letzten Jahre das Feld dem Besitzer mit Alfalfa bestellt zurückzugeben. In den letzten Jahren stellte sich der Prozentsatz, den der Pächter von der Ernte an den Besitzer zu entrichten hatte, durchschnittlich wie folgt: Provinz Santa Fé: 25 %, Provinzen Buenos Aires, Córdoba, Entre Ríos: 20 %, Territorium Pampa Central: 17%. Der Verpächter bestimmt, wieviel der Fläche und mit welchen Feldfrüchten sie zu bestellen ist und wieviel davon dem Pächter als Weide für sein Vieh bleiben soll.

Der Pächter bearbeitet das Land mit seinen eigenen Tieren und Maschinen, bestellt es mit selbst beschaffter oder auch vom Verpächter geliehener Saat. Manchmal kommen auch Unterpachtungen vor, so daß z. B. der erste Pächter eine größere Fläche auf 15 % der Ernte pachtet und sie seinerseits wieder auf 20 % der Ernte verpachtet. Für den Fall, daß die Pacht in einem Teil des Ernteertrages besteht, erfordert der Pachtbetrieb für eine chacra von 100 ha in günstiger Lage ungefähr folgende Mittel:

Zum Bau eines Häuschens aus Holz, Lehm und Wellblech, mit der notwendigsten Einrichtung	200—700	$ m/n
Für einen Schuppen zur Unterbringung von Maschinen und Geräten	100—500	„
Für die Anlage eines Brunnens	100—450	„
Für einen Zaun für Viehhof und Weide	50—100	„

Für einen Pflug, eine Egge, eine Walze, eine Sämaschine, eine Mähmaschine, zweirädrige Karren und verschiedene Gerätschaften ...	1600 $ m/n
Für 12 Pferde und Geschirr für die Hälfte sowie einige Milchkühe	1300 „

Das tote und lebende Inventar erfordert also ungefähr 3350 bis 4650 $ m/n. Dazu kommen die Kosten für die Beschaffung des Saatgutes für 75 ha (der Rest von 25 ha pflegt als Viehweide benutzt zu werden) mit ungefähr 400 $ m/n, der Lebensunterhalt für eine Familie von 4 Köpfen mit ungefähr 1200 $ m/n jährlich, weiter die Unkosten für das von Unternehmern mit deren Maschinen ausgeführte Dreschen, die sich bei Weizen auf ungefähr 800—900 $ m/n belaufen. Insgesamt dürften also 5800—7100 $ m/n nötig sein, um einen Pachtbetrieb von 100 ha zu übernehmen und zu bearbeiten.

Muß die Pacht in Geld bezahlt werden, so erhöhen sich die Kosten, und auch das Risiko des Pächters ist größer als bei der Naturalabgabe, da die Pacht auch bei schlechter Ernte in voller Höhe bezahlt werden muß. Der Pachtpreis je ha stellt sich in den letzten Jahren folgendermaßen: Provinz Buenos Aires 20, Provinz Santa Fé 15, Provinz Córdoba 8, Provinz Entre Rios 9, Territorium Pampa Central 5 $ m/n.

Bei eigenem käuflich erworbenem Besitz kommt dazu noch der Kaufpreis, der bei 100 ha in günstiger Lage auf 150 $ m/n, insgesamt also 15 000 $ m/n angenommen werden kann, wovon $^1/_3$ angezahlt zu werden pflegt.

Halbpächter, Pächter und Kolonisten überhaupt und ihre Familienangehörigen müssen immer selber arbeiten. In größeren Betrieben müssen jedoch besonders zur Erntezeit Arbeiter hinzugezogen werden. Ein ländliches Gesindewesen ist unbekannt, eine bindende Dienstordnung gibt es nicht, ebensowenig Dienstbücher und Zeugnisse. Die Löhne sind verhältnismäßig hoch. Sie wechseln erheblich, je nachdem das Erntejahr gut und die Nachfrage nach Arbeitern groß oder der Ernteausfall ungünstig und die Nachfrage gering ist und schwanken auch stark nach den verschiedenen Bezirken. Knechte für Pflügen und Säen erhalten durchschnittlich in der Provinz Buenos Aires 45, in Santa Fé 50, in Córdoba 55, in Entre Ríos 35, in der Pampa Central 50 $ m/n monatlich. Die Löhne steigen bis zu der Höchstgrenze von 70 und fallen bis 20 $ m/n. Führer von Mähmaschinen erhalten 6, höchstens 12, mindestens 3 $ m/n täglich. Erntearbeiter 4, 5, während des Krieges 6 und 7 $ m/n, höchstens 8, mindestens $2^1/_2$ $ m/n. Aufseher beim Dreschen 6—8 $ m/n, höchstens 12, mindestens 3 $ m/n. Diese Löhne verstehen sich bei freier Station. Die Kosten der Verpflegung belaufen sich auf 0.80 bzw. 1,10 $ m/n, während der Saatzeit und während der Ernte.

Über die Rentabilität eines Ackerbaubetriebes lassen sich nur schwer einigermaßen verläßlicheAngaben machen; sie hängt von dem Stand der Getreidepreise, der Höhe der Pachtsumme, vor allem von der Witterung ab. Nicht mit Unrecht hat man den Ackerbau in Argentinien mit einem Lotteriespiel verglichen. Bei einer Reihe von Jahren mit guter Witterung kann der Pächter und Eigentümer auf ein befriedigendes Ergebnis hoffen. Durch die Aufeinanderfolge von Jahren dagegen, in denen Trockenheit und Heuschrecken Mißernten verursachen, kann er in eine bedrängte Lage kommen. Der Kredit, den der almacenero, der Kampkrämer, der alle denkbaren Waren führt, zur Verfügung stellt, erleichtert dem Pächter sein Leben, führt ihn jedoch auch der Gefahr entgegen, sich zu verschulden. Anspruchslosigkeit, strenge Sparsamkeit und Nüchternheit, eine starke Gesundheit sind die unerläßlichen Vorbedingungen. Die Nationale Hypothekenbank hat sich die Aufgabe gesetzt, die Ackerbaukolonisation durch Gewährung von Darlehen an kleine Landbesitzer zu fördern. Der Banco de la Nación hat immer den Landwirten großes Entgegenkommen gezeigt. Für den genossenschaftlichen Zusammenschluß wird eine rege Propaganda betrieben. Schutzverbände gegen die Ausbeutung durch Aufkäufer besonders in den entlegenen Gebieten werden immer häufiger gebildet.

Der Besitz eigenen Landes ist der Voll- und besonders Halbpacht insofern vorzuziehen als weder Pächter noch Halbpächter bodenständig werden. Ein festes Haus werden sie auf fremdem Boden, den sie doch nach wenigen Jahren wieder verlassen müssen, nicht errichten; sie begnügen sich vielmehr damit, eine Lehm- oder Strohhütte mit einfachster Einrichtung zu bauen. Ebensowenig werden sie Verbesserungen vornehmen, wenn sie nicht wissen, daß der Besitzer sie ihnen bezahlt. Der Pächter treibt Raubbau im wahrsten Sinne des Wortes, indem er versucht, in kurzer Frist so viel wie möglich aus dem Boden herauszuholen.

Unter 76 212 Ackerbaubetrieben in den Ackerbauprovinzen zählte man 1914 24 658 oder 32,4 %, die von den Eigentümern ausgebeutet wurden, 42 239 oder 55,4 % von Pächtern bewirtschaftete und 9315 oder 12,2 % auf Halbpacht ausgebeutete Betriebe.

An Stelle des einseitigen Wirtschaftssystems, wie es gegenwärtig noch überwiegend betrieben wird, empfiehlt man in Argentinien seit einiger Zeit eine intensivere Methode und legt den Kolonisten die Anlage von Bauerngütern im Umfange von 50 ha nahe, auf denen Fruchtwechsel, der Anbau von Hülsenfrüchten und gleichzeitig Nutzviehzucht betrieben und womöglich auch zur Düngung geschritten werden soll. Dieser der europäischen Bauernwirtschaft ähnelnde Betrieb hat gegenüber der Trennung von Ackerbau und Viehzucht in extensiver Methode viele Vorteile und wird im Laufe der Zeit jedenfalls in den der Kultur am meisten erschlossenen Gebieten an Boden gewinnen.

Was die Betriebsart anbelangt, so ist sie, wie gesagt, extensiv. Weder Stalldünger noch künstlicher Dünger werden gebraucht. Ein regelrechter Fruchtwechsel findet meist nicht statt. Urwald braucht in der Ackerbauzone nirgends ausgerodet zu werden. Der ebene Boden ermöglicht, sofort den Pflug anzusetzen. Eine Familie von 4—5 Mitgliedern, selbst wenn 2 davon nur 10—12 Jahre alt sind, kann mit Maschinen 100 ha ohne sonderliche Anstrengung bewirtschaften und braucht nur in der Ernte fremde Arbeitskräfte. Dadurch, daß der Pflug 500—1000 m geradeaus fahren kann, wird viel Kraft und Zeit gespart. Das Klima bringt mit sich, daß der Bauer volle 5 Monate zum Pflügen und Säen Zeit hat. Die großen Flächen begünstigen die maschinelle Bewirtschaftung; zum Eggen, Säen und Schneiden können bis 4 m breite Maschinen gebraucht werden.

Meist wird je nach der Jahreszeit die ganze Fläche entweder nur mit Weizen, Lein, Hafer oder Mais bestellt.

Die Schäden, die dem Ackerbau drohen, sind vor allem die Trockenheit, die nicht selten besonders im Süden der Ackerbauzone seine Hoffnungen zerstört; seltener richten übermäßige Niederschläge, Hagelschlag und Winde Schaden an. Manchmal wirkt auch im Süden spät eintretender Frost nachteilig auf das Ernteergebnis. Auch Heuschrecken werden in manchen Jahren den Kulturen verhängnisvoll. Gegen den Hagelschlag gibt es die Möglichkeit einer Versicherung. Die Heuschreckengefahr bemüht sich die Regierung zu bekämpfen.

Daß der Ackerbau in Argentinien günstige klimatische, technische und wirtschaftliche Bedingungen findet, zeigt die bedeutende alljährliche Zunahme der Anbaufläche. Ausdehnungsmöglichkeit ist ihm noch reichlich geboten.

Der Anbau von Weizen

Weizen ist das wichtigste der argentinischen Ackerbauerzeugnisse. Die Kultur kann in der ganzen gemäßigten Zone erfolgen. Die nördliche Grenze liegt ungefähr am 30. Breitengrad; der Anbau ist jedoch bis in die subtropische Zone möglich, wenn auch das dort erzielte Korn minderwertig ist und das Mehl daraus beim Backen nicht gut aufläuft. Trotzdem ist z. B. in Misiones in früheren Zeiten erfolgreich Weizenbau getrieben worden. Ein südliche Grenzlinie läßt sich nicht festlegen. Die wichtigsten Gebiete für den Weizenbau, die Anbaufläche und der durchschnittliche Ertrag je ha dort gehen aus folgender Aufstellung hervor:

Provinzen u. Territorien	1913 Anbaufläche in ha	1913 Ertrag je ha in kg	1914 Anbaufläche in ha	1914 Ertrag je ha in kg	1915 Anbaufläche in ha	1915 Ertrag je ha in kg
Buenos Aires	2 152 900	836	2 044 000	636	2 231 000	843
Santa Fé	1 037 240	687	973 000	440	903 000	671
Córdoba	2 050 000	750	1 930 000	441	1 920 000	806
Entre Ríos	330 600	597	260 000	422	385 000	543
San Luis	46 000	?	84 000	?	86 000	1000
Pa. Central	902 800	731	915 000	554	1 026 000	810
Andere	54 000	850	55 000	800	94 000	1000
Insgesamt u. i. Durchschn.	6 573 540	761	6 261 000	490	6 645 000	795

Während der letzten Jahre hat sich die Anbaufläche in den verschiedenen Gebieten nicht sehr geändert. Sie belief sich insgesamt 1916/17 auf 6 511 000, 1917/18 auf 7 234 000, 1918/19 auf 6 870 000 ha.

Als Höchsterträge je ha sind zu verzeichnen in den Provinzen und Territorien: Buenos Aires 3910, Santa Fé 2800, Entre Ríos 3200, Córdoba 2240, Pampa Central 3839 kg.

Über die Kultur ist zu bemerken, daß nach deutschen Begriffen recht flach gepflügt wird, keine Düngung stattfindet und daß die Aussaat von Juli bis Anfang August erfolgt. Winterweizen wird vom 15. April bis 15. Mai und bis Ende Juni gesät. Die Ernte wird überall mit Maschinen bewerkstelligt. In einigen Gegenden wird der Weizen geschnitten, in anderen nur durch besondere Maschinen, die den Weizen gleichzeitig dreschen, geköpft, was jedoch nur möglich ist, wenn kein Unkraut vorhanden und das Korn völlig ausgereift ist.

Der argentinische Weizen findet im Lande selbst, wo der Verbrauch von Weizenbrot stark ist, einen aufnahmefähigen Markt, der alljährlich ungefähr 1 250 000 t für den Konsum beansprucht. Als Saatgut werden ungefähr 550 000 t gebraucht; der Rest wird ausgeführt, zum größten Teil in Form von Getreide, zum kleineren Teil als Mehl.

Die Weizenausfuhr war wie folgt (in t):

1912	2 629 056	1916	2 444 625
1913	2 812 149	1917	897 622
1914	980 525	1918	2 929 219

Die wichtigsten Ausfuhrhäfen sind Buenos Aires, Bahía Blanca, Rosario, La Plata, Santa Fé und San Nicolás. Der Preis für Weizen an der Getreidebörse von Buenos Aires, der 1912, 13 und 14 ungefähr 8,50—8,60 $ m/n betrug, ist während des Krieges erheblich gestiegen und stellte sich Anfang 1919 auf 11—11,50 $ m/n für 100 kg.

Der Anbau von Mais

Von den 300 Mill. ha, die Argentinien aufweist, sind mehr als 100 Mill. ha für den Maisbau geeignet. Die Kultur kann vorteilhaft erfolgen zwischen dem 22. und 38. Breitengrad einerseits sowie zwischen der Regenlinie im Westen, die eine Höchstniederschlagsmenge von 400 mm jährlich in der heißen Jahreszeit anzeigt, und dem Uruguayfluß andererseits. Besonders stark ist der Anbau verbreitet im Norden der Provinz Buenos Aires und an den Ufern des Paraná. Die wichtigsten Anbaugebiete, die Anbaufläche und den Ertrag je ha zeigt die folgende Aufstellung:

Provinzen u. Territor.	1913		1914		1915	
	Anbaufläche in ha	Ertrag je ha in kg	Anbaufläche in ha	Ertrag je ha in kg	Anbaufläche in ha	Ertrag je ha in kg
Buenos Aires	1 822 000	1 300	1 758 500	1 489	1 641 600	2 182
Santa Fé	1 250 000	1 398	1 306 500	1 768	1 275 650	2 199
Córdoba	600 000	1 070	640 000	1 583	660 000	1 900
Entre Ríos	70 000	732	79 000	857	80 000	1 000
Pampa Central	60 000	666	49 000	833	40 600	620
Andere	350 000	1 650	373 000	2 000	320 000	1 500
Insgesamt u. i. Durchschn.	4 152 000	1 304	4 206 000	1 609	4 017 850	2 044

Während des Krieges, der die Absatzmöglichkeit behinderte, ist die Anbaufläche zurückgegangen. Sie belief sich 1916/17 auf 3 629 570, 1917/18 auf 3 527 000 ha.

Über die Maiskultur ist zu bemerken, daß die Aussaat von Ende September bis November erfolgt und daß 30—35 kg Saat je ha gebraucht werden. Die Ernte erfolgt im April und zwar durchweg durch Pflückung mit der Hand. Durchschnittlich pflegt ein Arbeiter täglich 15 Säcke zu 28 cts je Sack in normalen Zeiten, was einem Tagelohn von 4 $ m/n bei freier Verpflegung und Wohnung entspricht, zu pflücken. Während des Krieges sind weit höhere Löhne gezahlt worden. So wurden im Frühjahr 1918 55 cts. je Sack einschließlich Verpflegung geboten. Aufgestapelt wird der Mais nach verschiedenen Systemen, gewöhnlich in „trojas" genannten, mit Plantuch gedeckten Stöcken und auch in Schuppen, deren Herstellungskosten sich auf 500—1000 $ m/n für 900—1000 quintales belaufen. Die trockene Lagerung ist von größter Wichtigkeit und wird in den trojas nicht immer erzielt, da sich bei Niederschlägen dort die am Boden liegenden Schichten durchfeuchten und die Feuchtigkeit sich dem ganzen Stock mitteilen kann, wodurch die Früchte in Gärung geraten, die Kolben ersticken und am Mark, an der Körnerwurzel, Schimmelansatz hervorgerufen wird.

Der Exporteur nimmt Mais mit größerem Feuchtigkeitsgehalt als 15 % nicht an. Nach den Feststellungen Dr. Lahittes kann in einigen Gegenden, wie im Norden von Buenos Aires und Süden von Santa Fé, ein Ertrag von mehr als 5000 kg erzielt werden, während im Süden der Vereinigten Staaten je ha durchschnittlich 1900 kg und in den Nordstaaten bei Anwendung modernster Methoden nicht mehr als 3100 zu verzeichnen sind.

Der Mais ist für den Kolonisten immer ein willkommenes Hilfsfuttermittel. Das Maisstroh wird gerne von Rindern, Pferden und Schafen gefressen. In holzarmen Gegenden dient es als Feuerungsmaterial für die Dreschmaschinen. Für Genußzwecke wird Mais wie für Maismus und Maisbrot nicht in großem Umfange verbraucht. Große Aussichten bieten sich dem Mais als Futtermittel in der Schweinemästung[1]. Ferner findet Mais zur Herstellung von Alkohol nnd Maisöl Verwendung.

Der Eigenverbrauch des Landes an Mais ist schwer festzustellen. Der größte Teil wird ausgeführt. Die Ausfuhr betrug (in t):

1913	4 806 951	1917	896 115
1914	3 542 280	1918	631 976
1916	2 826 646		

Der Preis an der Getreidebörse von Buenos Aires stellte sich vor dem Kriege auf ca. 5 $ m/n; Anfang 1919 notierte er 5,10 $ m/n.

Unter den Mais ausführenden Ländern steht Argentinien an erster Stelle, wie der Vergleich des Exportes der Überschußländer im Durchschnitt des Jahrfünfts 1910—14 zeigt (in t):

Argentinien	2 979 000
Donauländer	1 128 000
Vereinigte Staaten	712 000
Rußland	566 000
Verschiedene	119 000
	5 504 000

Die voraussichtliche Beschränkung der Lieferungsmöglichkeit der Donauländer und Rußlands infolge der politischen Verhältnisse wird die Nachfrage des Weltmarktes nach argentinischem Mais jedenfalls erhöhen.

Der Anbau der Leinsaat

Leinsaat ist eines der wichtigsten Ackerbauprodukte Argentiniens, das unter allen Ländern der weitaus bedeutendste Produzent dieser wertvollen Ölpflanze ist, wie der folgende Vergleich

[1] Vergl. den Abschnitt über Schweinezucht.

zeigt. Im Durchschnitt der Jahre 1910—1914 brachten hervor (in t):

Argentinien	784 000
Rußland	569 000
Indien	512 000
Vereinigte Staaten	478 000
Canada	338 000

Der Ausfuhr nach ist die Stellung Argentiniens noch wichtiger, wie der weitere Vergleich des Exportes der Produktionsländer im Durchschnitt des Jahrfünfts 1910—1914 zeigt. Es führten an Leinsaat aus (in t):

Argentinien	679 000
Indien	393 000
Rußland und Donauländer	109 000
Nordamerika	102 000

Die Pflanze gedeiht besonders in dem mittleren Teil des Landes ausgezeichnet, und ihre Kultur hat sich in den Ackerbauprovinzen ganz außerordentlich entwickelt. Es beträgt die Anbaufläche in ha:

Provinzen und Territorien	1913		1914		1915	
	Anbaufläche in ha	Ertrag je ha in kg	Anbaufläche in ha	Ertrag je ha in kg	Anbaufläche in ha	Ertrag je ha in kg
Buenos Aires	335 450	735	282 000	598	259 000	749
Santa Fé	556 500	609	550 000	569	580 000	718
Córdoba	450 000	514	470 000	412	420 000	616
Entre Ríos	403 400	613	374 000	540	312 000	586
San Luis	9 300	—	20 000	—	20 000	700
Pampa Central	24 100	494	25 000	477	26 000	595
Andere	600	444	2 000	505	2 000	650
Insgesamt und im Durchschnitt	1 779 350	612	1 723 000	527	1 619 000	667

Während des Krieges ist die Anbaufläche zurückgegangen. Es waren mit Leinsaat bestellt 1916/17 1 298 000, 1917/18 1 308 600 und 1918/19 1 383 650 ha. Der Durchschnittspreis, den Leinsaat erzielte, belief sich in den letzten Friedensjahren auf ca. 11,50 $ m/n, stieg während des Krieges erheblich und stellte sich Anfang 1919 auf 18,50 $ m/n.

Die Aussaat der Leinsaat geschieht, nachdem der Boden zweimal gepflügt worden ist, meist aus ackerbautechnischen Gründen mit Getreide zusammen vom Februar bis Mitte März und von August bis September, wobei 55—60 kg Saat je ha gerechnet werden. Das Abernten erfolgt meist durch Maschinen. Nachteilig bei der Leinsaatkultur ist der Umstand, daß die Pflanze den Boden stark aussaugt und den Landwirt zwingt, nach 4—5 Jahren das

Feld brachzulegen und es als Schaf- oder Rindviehweide zu benutzen. In den Jahren 1910—13 wurden bei amtlichen Versuchen mit verschiedenen Arten auf sandig-tonhaltigem Boden in Córdoba bei 20 cm tiefer Ackerung und 20 cm Furchenabstand je ha folgende Ergebnisse erzielt (in kg):

Grosse graine	512	1250	1825	975
Riga	520	550	1175	541
Flor Blanca	250	400	1110	625

Die erste Sorte scheint sich demnach am besten bewährt zu haben. Ihr Ölgehalt wird mit 37,45 % angegeben.

Der weitaus größte Teil der Leinsaat gelangt zur Ausfuhr, nur ein kleiner Teil wird im Lande zu Öl verarbeitet.

Die Ausfuhr an Leinsaat stellte sich folgendermaßen (in t):

1913	1 016 732	1916	638 654
1914	841 590	1917	140 168
1915	981 192	1918	390 318

Bei dem steigenden Weltbedarf und dem Rückgang der Erträge in den Vereinigten Staaten und Canada sowie der voraussichtlich für lange Dauer beschränkten Ausfuhrmöglichkeit Rußlands und der Donauländer dürften sich der argentinischen Leinsaat auf dem Weltmarkt und damit dem Anbau im Lande ausgezeichnete Aussichten eröffnen.

Das Problem, die Leinpflanze, die die Leinsaat ergibt, auch für die Herstellung von Textilstoffen nutzbar zu machen, anstatt das Stroh, wie es bislang meist geschieht, nach dem Dreschen zu verbrennen, hat schon viele Köpfe inner- und außerhalb Argentiniens beschäftigt. In den letzten Jahren hat die Versuchschacra des Ackerbauministeriums in Pergamino eingehende Untersuchungen darüber angestellt, und 1913 konnte die Leitung den Interessenten mitteilen, daß eine Nachfrage nach argentinischen Leinfasern von verschiedenen Ländern bestehe und die Möglichkeit des Absatzes gesichert erscheine. Die bislang erzielten Ergebnisse krankten daran, daß die Faser des in Argentinien angebauten Leins keinen Halt hat, da der Hauptwert auf die Saat gelegt wird, während man die Faser vernachlässigt. Trotzdem haben Versuche in der Provinz Corrientes, über die 1913 Berichte vorlagen, ergeben, daß sich das Klima dort ausgezeichnet für die Gewinnung der Fasern eignet. Wenn der Lein dort im April gesät wird, so wächst er langsam unter der gleichen Temperatur wie in Deutschland, und man kann dann auf eine sichere Ernte rechnen. Er wird über einen Meter hoch und gelangt im Oktober zur Reife. Die daraus gewonnene Faser, für deren Loslösung vom Holze schon einige Tage genügen, hat eine gute Haltbarkeit. Später bestellte Saat gibt nur kurzes Stroh, dessen Faser bei der frühzeitigen Ernte im November nicht den geringsten Halt besitzt.

Schon 1912 fanden verschiedene Muster argentinischer Leinfasern auf dem belgischen Textilmarkt Courtrai günstige Beurteilung. Eines dieser Muster wurde mit 37 frs je 100 kg bewertet. Weitere Sendungen erzielten einen Durchschnittspreis von 26 frs je 100 kg. Danach würde 1 ha allein an Leinfasern theoretisch einen Wert von 196 $ m/n hervorbringen. Oft ist auch der Plan aufgetaucht, das Leinstroh als Rohmaterial für die Papierfabrikation zu verwenden. Ein argentinischer Ingenieur hat sich dafür schon vor Jahren ein Patent geben lassen. Trotz aller günstigen Rentabilitätsberechnungen und der offenbaren Nachfrage ist es bis heute bei den Plänen geblieben. Neuerdings plant die Firma Max von Halle in Hamburg auf Grund eines besonderen patentierten Verfahrens dem Problem der industriellen Verwertung des ausgereiften und verholzten Leinsaatstrohes näher zu treten. Sollte sich in Zukunft die praktische Verwertungsmöglichkeit des argentinischen Leinstrohs einwandfrei ergeben, so würde sich die Leinkultur zu einer der ertragreichsten der Republik entwickeln.

Der Anbau von Hafer

Hafer wird in Argentinien in verhältnismäßig nur geringem, jedoch stark steigendem Umfang angebaut. 1895 waren nur 38 624 ha, 1915 dagegen schon 1 249 000 ha damit bestellt, deren Verteilung auf die einzelnen Landesteile aus der folgenden Aufstellung hervorgeht:

Provinzen u. Territorien	1913		1914		1915	
	Anbaufläche in ha	Ertrag je ha in kg	Anbaufläche in ha	Ertrag je ha in kg	Anbaufläche in ha	Ertrag je ha in kg
Buenos Aires	1 040 600	1 080	959 000	670	826 000	833
Santa Fé	35 000	881	33 000	465	30 000	988
Córdoba	30 000	650	25 000	384	25 000	965
Entre Ríos	48 700	713	25 000	633	38 000	781
San Luis	8 900	?	14 000	?	14 000	714
Pampa Central	80 600	883	91 000	556	90 000	649
Andere	5 500	2 083	14 000	1 181	15 000	857
Insgesamt u. i. Durchschn.	1 249 300	1 047	1 161 000	668	1 038 000	824

1916/17 waren insgesamt 1 022 000 ha, 1917/18 1 295 000, 1918/19 1 206 000 ha mit Hafer bestellt. Für die Aussaat, die 40—45 kg je ha erfordert, ist der März am geeignetsten. Hafer wird neben Luzerne vielfach als Viehfutter verwandt. Der innere Verbrauch beträgt ungefähr 175 000 t. Für den Export herrscht wachsende Nachfrage, die nur während des Krieges unterbrochen worden ist. Es wurden hauptsächlich nach England und Italien ausgeführt (in t):

1913	889 744	1916	784 734
1914	353 700	1917	270 761
1915	592 797	1918	535 919

Vor dem Kriege erzielte Hafer an der Getreidebörse von Buenos Aires 4 $ m/n, während des Krieges stieg der Preis, und Anfang 1919 betrug er 5,50 $ m/n je 100 kg.

Der Anbau von Roggen

Roggen wird in verhältnismäßig nur sehr beschränktem Umfange angebaut, da das Klima durchweg zu warm für diese Getreideart ist. Immerhin hat die Kultur in den letzten Jahren an Verbreitung gewonnen. 1910 betrug die Anbaufläche nur 12 965, 1911 15 320, 1912 schon 39 900 ha um 1913 auf 92 300 ha zu steigen. Die wichtigsten Gebiete, in denen gegenwärtig Roggen angebaut wird, gehen aus der folgenden Aufstellung über die Anbaufläche hervor (in ha):

Provinzen und Territorien	1913	1914/15
Buenos Aires	54 500	52 300
Pampa Central	15 000	13 500
Córdoba	13 000	15 000
Santa Fé	6 500	6 000
Entre Ríos	600	800
Andere	2 700	5 000
Insgesamt	92 300	92 600

Was die Kultur anbelangt, so kommen für die Aussaat die Monate Mai, Juni bis August, für Winterroggen die Zeit von Mitte April bis Mitte Mai in Betracht. Je ha werden ungefähr 60 kg mittelmäßigen Saatgutes gebraucht. Bislang sind noch keine größeren Erfahrungen in Bezug auf die geeignetsten Sorten gemacht worden, doch scheinen „Probstei" und „Schlantel" sich am besten bewährt zu haben. Dem Anbau hat man noch keine besondere Sorgfalt gewidmet.

Aussichten scheint der Roggenanbau im Süden der Ackerbauzone und in Patagonien sowie in den Kordillerentälern zu haben. Besonders dort, wo auf wenig fruchtbarem Boden andere Getreidearten keinen befriedigenden Ertrag mehr ergeben. Im Lande selbst wird Roggen vorzüglich als Viehfutter verwandt.

Die Ausfuhr nach Belgien, Holland, Deutschland, England und Schweden stieg vor dem Kriege, ging während des Krieges jedoch zurück. Sie gestaltete sich wie folgt (in t):

1913	21 868
1914	11 455
1915	4 921

Der Anbau von Gerste

Gerste wird in Argentinien verhältnismäßig nur wenig, jedoch ebenfalls in steigendem Umfange gebaut. 1895 waren nur 54 574 ha, 1914 dagegen 160 500 ha damit bestellt. Außer den Ackerbauprovinzen eignet sich besonders das Río Negro-Territorium für diese Getreideart. Wo gegenwärtig am meisten Gerste gebaut wird, zeigt die folgende Aufstellung (in ha):

Provinzen u. Territorien	
Buenos Aires	100 000
Santa Fé	23 000
Córdoba	10 500
Entre Ríos	12 000
San Luis	6 600
Mendoza	1 900
San Juan	2 000
Pampa Central	6 500
Neuquén	800
Río Negro	4 750
Andere	6 450
Insgesamt	174 500

Die außerordentlich steigende Ausfuhr — sie betrug 1911 4 860 t und 1915 74 899 t — zeigt, daß gute Absatzmöglichkeit im Auslande vorhanden ist. Der Preis im Großhandel stellte sich in Buenos Aires 1913 auf 2,38, 1914 auf 2,58 und 1915 auf 2,59 $ o/s je 100 kg.

Da Argentinien eine gut entwickelte Bierindustrie besitzt und diese ihren steigenden Bedarf an Malz, der sich jährlich durchschnittlich auf ungefähr 20 Mill. kg im Werte von 1 Mill. $ o/s beläuft, aus dem Auslande bezieht, liegt der Gedanke, Braugerste anzubauen, nahe. Tatsächlich haben zwei der größten Brauereien während des Krieges den Anbau von Braugerste zur Herstellung von Malz zu fördern gesucht. Die Brauerei Quilmes, die auch Aussaaten auf eigenem Gelände vornahm, ließ zu diesem Zweck 1000 t Saatgerste unter 300 Landwirte verteilen und richtete einen Nachrichten- und Überwachungsdienst ein, den sie mit 100 000 $ m/n ausstattete. Gemeinsam mit der Brauerei Bieckert stellte sie außerdem der Argentinischen Landwirtschaftsgesellschaft Geldpreise für einen Wettbewerb in Braugerste zur Verfügung.

Bislang ist der Anbau von Braugerste nur wenig entwickelt und hat in Santa Fé und Córdoba, wo sie einen zu hohen Proteingehalt aufwies, keinen Erfolg gehabt. Erfolgreich gewesen ist der Anbau jedoch im Süden der Pampa Central und der Provinz Buenos Aires sowohl wie im Río Negro-Territorium, wo sich der erforderliche milde Lehmboden, tiefgründige, sandige Lehme oder kalkreiche Lehme und lehmiger Sand finden und wo das Niederschlagsminimum 370—400 mm und die mittlere Sommertemperatur 19⁰ beträgt. Im Norden des Territoriums Río Negro, nahe dem Meere, wog die dort gewonnene Gerste 65—70 kg je hl, war von großer Mehligkeit und sehr geringem Proteingehalt und konnte als gut qualifiziert werden.

Da die Kultur wohl sorgfältige Pflege erfordert, aber keine besondere Anforderungen an den Landwirt stellt, ist der Anbau lohnend. Der Ertrag je ha beträgt unter günstigen Verhältnissen 13—17 Zentner und kann bei besonders günstigen Verhältnissen auf 30 steigen. Die Aussaat findet Ende Juli bis Ende August, aber auch schon im Juni statt.

Der Anbau von Luzerne (alfalfa)

Die in Argentinien „alfalfa" genannte Kleeart ist von größter Wichtigkeit für das gesamte Wirtschaftsleben des Landes geworden, da ihre Kultur die Grundlage für die Entwicklung einer intensiveren als der allein auf die natürlichen Weiden angewiesenen Viehzucht bildet und von günstigem Einfluß auf die Zusammensetzung des Bodens ist.

Infolge ihrer Genügsamkeit und Akklimatisationsfähigkeit gedeiht Luzerne in fast allen Teilen der Republik, am besten natürlich auf bewässertem Lande, jedoch auch dort, wo die Bodenfeuchtigkeit nur gering ist und es an Niederschlägen mangelt, ausgezeichnet. Die reichsten Alfalfafelder finden sich in der Provinz Buenos Aires; die Anbaufläche hat sich jedoch derart ausgedehnt, daß von einer bestimmten Alfalfazone wie früher schlecht mehr die Rede sein kann. Während 1895 erst 712 000 ha mit Luzerne bepflanzt waren, stieg die Anbaufläche 1908 auf 4,7 Mill. ha und ist seitdem weiter stark gewachsen. Die folgende Aufstellung zeigt die wichtigsten Gebiete der Alfalfakultur und ihre Anbaufläche während der letzten Jahre (in ha):

Provinzen und Territorien	1913	1914	1915
Buenos Aires	2 300 000	2 450 000	2 550 000
Santa Fé	1 020 000	1 262 000	1 320 000
Córdoba	1 750 000	2 000 000	2 000 000
Entre Ríos	180 000	200 000	215 000
Corrientes	30 000	32 000	35 000
San Luis	375 000	375 000	375 000
Santiago del Estero	35 000	38 000	45 000
Tucumán	12 000	10 000	10 900
Mendoza	150 000	152 000	155 000
San Juan	96 000	100 000	75 000
Rioja	14 000	16 000	16 000
Catamarca	25 000	25 000	25 000
Salta	30 000	38 000	38 000
Jujuy	13 200	12 000	12 000
Misiones	100	100	200
Formosa	7 200	7 500	5 000
Chaco	500	450	500
Pampa Central	600 000	600 000	600 000
Neuquén	20 000	20 000	15 000
Río Negro	23 000	25 000	33 000
Chubut	8 000	8 500	500
Santa Cruz	1 000	1 800	—
Los Andes	100	50	50
Insgesamt	6 690 100	7 373 400	7 526 150

Über die Produktion sind, da die Pflanze meist vom Vieh abgegrast wird, Angaben schwer zu machen. Geschnitten und getrocknet wird Alfalfa als „pasto seco", Trockenfutter, besonders nach Brasilien und Südafrika ausgeführt und zwar (in t):

1913	32 346	1916	27 963
1914	21 912	1917	6 958

Die Ausfuhr von Samen ist seit einigen Jahren aufgenommen. Die Beurteilung, die er in Europa erfahren hat, ist verschieden ausgefallen. Eine Firma in Bahía Blanca hat mit ihren Produkten jedoch auf den internationalen Ausstellungen von Rom und Paris die ersten Auszeichnungen erhalten, so daß mit der Möglichkeit eines größeren Auslandsabsatzes von Luzernesamen wohl gerechnet werden kann.

Die Saatzeit währt von Ende Februar bis Anfang April. Die Pflanze sendet ihre Wurzeln sehr tief in den Boden hinab und holt die Feuchtigkeit ziemlich unabhängig vom Wetter aus den tieferen Bodenschichten, so daß sie auch nach anhaltender Trokkenheit grün bleibt. Alfalfa hat den großen Vorteil, den Boden mit Stickstoff anzureichern, sowie aus tieferen Bodenschichten Feuchtigkeit und Pflanzennährstoffe in die höher gelegenen emporzuheben, bewirkt also eine chemische und mechanische Verbesserung des Bodens. Wenn die unteren Bodenschichten ihrem Gedeihen günstig sind, so kann sie 20 Jahre lang gute Ernten geben. Durchschnittlich erzielt man 4—5 Ernten jährlich, oft mehr. Bei Bewässerung kann 9 mal geschnitten werden. Wenn Weizenäcker nach 6 oder 10 Jahren in ihrer Ertragsfähigkeit nachlassen und der Boden nicht tief gepflügt wird, kann Alfalfa zwischen die letzte Saat gemischt werden und gibt im Jahre darauf eine kleine, später eine gute Ernte.

Um die Kultur auf ihrer jetzigen Höhe zu halten und zu ihrer Verbesserung beizutragen, bestehen über die Einfuhr von Alfalfasamen besondere Vorschriften. Nach der letzten von 1915 darf der Samen nicht mehr als 20 Körner Flachsseide je kg aufweisen und der andere Unkrautsamen darf 1 % des Gesamtgewichtes nicht übersteigen. Auch müssen mindestens 60 % keimfähig sein. Die Einfuhrscheine müssen feststellen, wie weit die vorgeschriebenen Bedingungen erfüllt sind. Der Ertrag der Alfalfakultur wurde vor dem Kriege auf ca. 100—150 $ m/n je ha berechnet.

Der Anbau von Gemüse und Hülsenfrüchten

Der Anbau von Gemüse ist noch keineswegs den günstigen Vorbedingungen entsprechend entwickelt. Innerhalb des großzügigen und extensiven Ackerbausystems hat die Gemüsekultur bislang verhältnismäßig nur wenig Berücksichtigung gefunden. Der Stand der Anbaufläche in den einzelnen Landesteilen geht aus folgender Aufstellung hervor (in ha):

Provinzen und Territorien	
Buenos Aires	19 000
Santa Fé	15 000
Córdoba	2 000
Entre Ríos	2 800
Corrientes	700
San Luis	400
Santiago del Estero	500
Tucumán	1 800
Mendoza	2 000
San Juan	1 000
La Rioja	700
Catamarca	500

Provinzen und Territorien	
Salta	1 100
Jujuy	300
Misiones	1 000
Formosa	400
Chaco	100
Pampa Central	400
Neuquén	100
Río Negro	400
Chubut	200
Santa Cruz	50
Feuerland	100
Los Andes	100

Demnach ist der Gemüsebau weitaus am stärksten in den Provinzen Buenos Aires und Santa Fé entwickelt. Als besonders geeignet erwiesen haben sich die Inseln des Paranádeltas. Je nach den verschiedenen Zonen gedeihen alle bekannten Gemüsearten ausgezeichnet. Zum Teil werden außerordentlich günstige Ergebnisse erzielt. So wurden bei Fortin Mercedes auf humusreichem, durchlässigem und tiefgründigem Boden kurz vor dem Kriege durchschnittlich 80 000 kg Tomaten je ha, auf den 10 000 Stauden kommen, geerntet. Auch Zwiebeln geben vielfach außergewöhnlich große Ernten.

Die Absatzmöglichkeit ist naturgemäß in der Nähe der Großstädte am günstigsten. Der Entwicklung des Anbaues in großem Maßstabe in größerer Entfernung der Städte standen bislang die hohen Bahnfrachten im Wege. Durch die Bildung von Freimärkten bemühen sich die Stadtbehörden, den Zwischenhandel, der das Gemüse unverhältnismäßig verteuert, auszuschalten. Das gleiche Ziel erstrebt der Zusammenschluß der Gemüsebauern verschiedener Gegenden zu Genossenschaften.

Nach dem großen Erfolge, den die argentinische Regierung mit ihrem tatkräftigen Bemühen um die Vermehrung des Getreideanbaus gehabt hat, widmet das Ackerbauministerium jetzt der Förderung des Anbaus und der Verwertung von Hülsenfrüchten besondere Aufmerksamkeit, um das Land von der Einfuhr unabhängig zu machen und möglichst bald einen Ausfuhrüberschuß zu erreichen.

Der Erfolg ist nicht ausgeblieben; so wurden 1916 2418 t, 1917 5017 t Bohnen gegen 1000 t im Jahre 1913 exportiert, während sich die Anbaufläche für Kichererbsen, besonders im Departement Cruz del Eje, wo 1000—1200 kg je ha erzielt werden, stark hob.

Der Verbrauch des Landes wird bislang noch nicht durch die Eigenproduktion gedeckt, wie die Einfuhr verschiedener Gemüse und Hülsenfrüchte zeigt:

	1913	1914	1915	
Frisches Gemüse	4 302	5 109	9 792	$ o/s
Amerikanische Erbsen .	6 687 900	3 321 075	3 368 479	kg
	334 395	166 054	168 424	$ o/s
Ungeschälte Linsen ...	1 005 303	965 622	1 055 933	kg
	40 212	38 625	42 237	$ o/s
Geschälte Linsen	5 606	6 793	11 334	kg
	448	543	907	$ o/s
Kichererbsen	3 764 686	2 533 295	3 642 575	kg
	301 175	202 659	291 406	$ o/s
Ungeschälte Feigbohnen	23 525	10 282	6 178	kg
	941	411	247	$ o/s
Geschälte Feigbohnen ..	2 000	—	—	kg
	160	—	—	$ o/s
Ungeschälte Platterbsen	1 651 331	1 287 847	1 374 724	kg
	66 053	51 514	54 989	$ o/s
Geschälte Platterbsen	221 058	51 525	2 487	kg
	17 685	4 122	199	$ o/s
Ungeschälte Bohnen ...	119 323	143 399	128 300	kg
	4 376	5 736	5 132	$ o/s
Geschälte Bohnen	112	2 154	—	kg
	9	172	—	$ o/s
Knoblauch u. Zwiebeln	9 988 957	4 008 415	3 879 084	kg
	499 448	200 420	193 954	$ o/s

In Form von Konserven werden eingeführt:

	1913	1914	1915	
Tomatenmus	6 792 785	3 959 273	3 989 266	kg
	815 134	475 113	478 711	$ o/s
Gemüsekonserven	1 562 822	756 795	324 875	kg
	390 705	189 199	81 219	$ o/s
Sauerkraut............	112 858	27 774	51 532	kg
	13 319	3 486	5 245	$ o/s

Argentinien ist in der Lage, die meisten der genannten Einfuhrartikel selbst zu gewinnen und sie in frischer, getrockneter oder konservierter Form auszuführen.

Der Anbau von Kartoffeln

Der Anbau von Kartoffeln ist bislang noch wenig entwickelt, gewinnt jedoch an Verbreitung. 1910 stellte sich die Anbaufläche auf 36 212 ha, 1914 war sie auf 123 910 ha gestiegen, die sich folgendermaßen verteilen (in ha):

Provinzen und Territorien	
Buenos Aires	70 000
Santa Fé	32 200
Córdoba	400
Entre Ríos	6 300
Corrientes	5 000
San Luis	800
Santiago del Estero	300
Tucumán	500
Mendoza	1 200
San Juan	700
La Rioja	800
Catamarca	200
Salta	1 100
Jujuy	1 600
Misiones	900
Formosa	100
Chaco	200
Pampa Central	350
Neuquén	150
Río Negro	900
Chubut	150
Santa Cruz	—
Feuerland	10
Los Andes	50
Insgesamt	123 910

Der Anbau wird besonders in der Provinz Santa Fé, in dem durch die Distrikte Arroyo Seco, Alvear, Alvarez und Soldin gebildeten Bezirk sowie in der Provinz Buenos Aires in der Gegend von Mar del Plata betrieben. Teile der mittleren Andenprovinzen scheinen ebenfalls geeignet zu sein. Seit 1916 bemüht sich das Ackerbauministerium, den Anbau im Süden der Republik durch Verteilung von Prämien und Aufklärung einzuführen.

In bevorzugten Landesteilen lassen sich jährlich zwei Ernten erzielen. Die beste Zeit der Aussaat für die erste Ernte ist der September, für die zweite der Januar. Für die Aussaat wurde bislang und dürfte auf längere Zeit noch die zollfrei unter besonderen Bestimmungen über ihre gesunde Beschaffenheit eingeführte Saatkartoffel verwandt werden. Davon wurden importiert (in t):

1910	1911	1912	1913	1914	1915
32 610	93 029	7 616	8 543	11 454	41 656

Die Ausfuhr von Kartoffeln, besonders nach Brasilien, scheint entwicklungsfähig zu sein, wurde jedoch durch den Krieg unterbrochen. Es wurden exportiert (in t):

1912	1913	1914	1915	1916	1917
21 583	21 620	14 794	6 089	27 606	14 760

1917 stellte sich der Preis auf 1,20—1,80 $ m/n je 10 kg. Die süße Kartoffel (Batate) wird ebenfalls kultiviert.

Der Anbau von Erdnüssen

Die Erdnuß ist nach der Leinsaat die wertvollste Ölfrucht, die in Argentinien angebaut wird. 1872 waren ungefähr 3000, 1895 13 500, 1914 22 000, 1915 17 000 ha damit bestellt. Während der letzten Jahre hat sich die Kultur günstig entwickelt. 1917 nahm die Anbaufläche allein in der Provinz Córdoba um 2000 ha zu. Die wichtigsten Produktionsgebiete gehen aus der folgenden Aufstellung, die auch die Anbaufläche in ha zeigt, hervor:

Provinzen und Territorien	
Buenos Aires	300
Santa Fé	10 000
Córdoba	300
Entre Ríos	3 200
Corrientes	1 700
San Luis	100
Jujuy	100
Misiones	200
Formosa	25
Chaco	700
Pampa Central	—
Río Negro	10
Insgesamt	16 635

Die Nachfrage nach Erdnüssen im Lande selbst ist nicht unbedeutend und wird gegenwärtig erst bis zu 20 % gedeckt, so daß sich dem Erzeugnis bedeutende Absatzmöglichkeiten bieten. Verwendung findet die Erdnuß bekanntlich, außer für Zwecke des Verbrauches in natürlichem Zustand und in der Konfitürenindustrie, zur Herstellung von Öl, das oft dem Olivenöl zugesetzt wird. Ferner wird eine daraus hergestellte Butter, besonders in den Vereinigten Staaten, stark konsumiert und in der Biskuitfabrikation verwandt. Die Preßrückstände ergeben ebenso wie die Stengel ein ausgezeichnetes Material für die Viehfütterung. Die Kultur bringt einen ziemlich sicheren Ertrag bei relativ geringem Kapitalaufwand. Eine amtliche Rentabilitätsberechnung aus der Vorkriegszeit gibt bei Bewirtschaftung durch den Kolonisten selbst mit eigenen Geräten und Tieren einen

Reingewinn von 60 $ m/n je ha, wobei mit einem Ertrag von 2000 kg zu 6,50 $ m/n je 100 kg gerechnet wird, an.

Fördernd auf den Anbau wirkt die Errichtung von Ölmühlen in seiner Nähe. So steigerte sich die Anbaufläche in Entre Ríos stark nach Errichtung der Ölmühle von Chajarí. Auch um die Entwicklung dieser Kultur bemüht sich die argentinische Regierung. So ermächtigte 1917 ein Dekret den Generaldirektor des Landwirtschaftswesens, die Summe von 50 000 $ m/n für den Ankauf von Erdnußsaat zu verwenden, die unter die Kolonisten von Tucumán, Entre Ríos und Santa Fé verteilt werden sollte. Ähnlich wie Weizen- und Leinsaat sollte die Verteilung der Erdnußsaat leihweise an Ackerbauer erfolgen, die zur Rückzahlung, die nach der Ernte erfolgen sollte, fähig waren. Es wurde damit gerechnet, daß 700 Anbauer von der Vergünstigung Gebrauch machen und daß die Saatmengen, die zur Verteilung gelangen sollten, 120 000 kg betragen würden.

Die Viehzucht

Die Vorbedingungen für die Viehzucht sind in fast allen Teilen Argentiniens ausgezeichnet. Am günstigsten liegen sie für die Rindvieh-, Schaf- und Pferdezucht in den Küstenprovinzen. Für die Schafzucht kommt außerdem besonders noch Patagonien in Betracht. Die Schweinezucht ist verhältnismäßig noch wenig verbreitet. Unbedeutend ist auch die Ziegenzucht, und desgleichen ist die Geflügelzucht noch nicht stark entwickelt.

Im Gegensatz zum Ackerbau ist die Viehzucht überwiegend Gegenstand von Großbetrieben, der estancias, die sich meist in Händen von Argentinern, vielfach jedoch auch von großen, mit ausländischem Kapital arbeitenden Aktiengesellschaften befinden. Estancias mit einem Flächeninhalt von 50, 60, ja 100 leguas und darüber sind keine Seltenheit.

Durchweg ist die Viehhaltung extensiv. Sie findet entweder auf gewöhnlichem Kamp oder auf verfeinerten, namentlich durch den Anbau von Luzerne wertvoller gemachten Weiden statt. Die intensive Zucht von Rassetieren findet in sogenannten „cabañas" statt und ist hochentwickelt. Das Gesetz verpflichtet den Landbesitzer zur Einzäunung, die mit Holzpfosten und einer mehrfachen Reihe von Draht geschieht. Ferner muß das Vieh markiert werden. Wasser muß, wenn nicht Flußläufe oder Lagunen, wie vielfach der Fall ist, vorhanden sind, erbohrt werden. Meist wird es mit Windmotoren aus der Tiefe heraufgepumpt.

Ursprünglich wurde die Viehhaltung nur für die Verwertung der Häute und der Wolle betrieben, erst später des Fleisches,

Fettes, der Milch und Butter wegen. Ein Großviehzuchtsbetrieb erfordert immer größere Mittel. Ohne Kapital ist das Vorwärtskommen weit schwieriger als im Ackerbau. Die Zahl der Arbeitskräfte, die der Viehzuchtsbetrieb benötigt, ist verhältnismäßig gering. Man rechnet bei estancias auf 2500 ha gewöhnlich 5 Knechte, jetzt peones, früher gauchos genannt, deren Lohn bei freier Station sich auf ungefähr 50 $ m/n im Monat beläuft. Auf den größeren Betrieben finden sich außerdem ein kaufmännisch gebildeter Leiter, der mayordomo, der mit mindestens 200 $ m/n monatlich bei freier Station besoldet wird, ein oder mehrere „capataz" genannte Oberaufseher, die ungefähr 80 $ m/n erhalten und verschiedene Aufseher, „puesteros" genannt, deren Lohn sich auf ungefähr 50 $ m/n monatlich beläuft. Diese Arbeitskräfte sind durchweg Einheimische.

Daher gelingt es nur ausnahmsweise Europäern, auf den estancias eine Stellung zu finden, die es ermöglicht, genügend Ersparnisse zurückzulegen, um auf gekauftem oder gepachtetem Lande einen eigenen Betrieb in Angriff zu nehmen. Immerhin sind vor dem Kriege Versuche einzelner, als Volontäre in estancias anzukommen, geglückt. Erweist sich ein Volontär als tüchtig und zuverlässig, so darf er hoffen, nach längerer Lehrzeit eine feste Anstellung als capataz zu erhalten und im Laufe der Zeit zum höheren Verwalter und kaufmännischen Leiter, mayordomo, aufzurücken. Es hängt natürlich ganz von dem einzelnen Fall und den Umständen ab, ob auf diese Weise die nötigen Mittel erworben werden können, um sich selbständig zu machen. Auch bemittelten Landwirten ist anzuraten, diesen Weg einzuschlagen, um sich erst mit den von europäischen Verhältnissen durchaus verschiedenen Methoden der argentinischen Viehzucht und den Verhältnissen überhaupt vertraut zu machen. Die Mittel, die für einen Viehzuchtsbetrieb erforderlich sind, müssen naturgemäß je nach der Lage des dafür ausgewählten Landes, den Wasserverhältnissen, der Art des Kampes, der Größe des Betriebes verschieden sein, so daß sich auch nicht annähernde Angaben darüber machen lassen. Durchweg müssen sie jedoch als hoch bezeichnet werden. Deutsche landwirtschaftliche Sachverständige haben berechnet, daß selbst für Pächter ungefähr 125 000 $ m/n, für Besitzer mindestens 450 000 $ m/n notwendig sind. Auch über die Rentabilität lassen sich naturgemäß nur ganz summarische Angaben machen. Wenn nicht Seuchen oder Trockenheit, die Hauptfeinde des Viehzüchters, Schaden anrichten, wurde vor dem Kriege bei Mastweidebetrieben z. B. mit einer Verzinsung von 10—20 % gerechnet. Bei der starken Nachfrage während des Krieges hat die Viehzucht sehr gute Ergebnisse gezeitigt. Es ist wahrscheinlich, daß diese Konjunktur anhalten wird, nachdem durch die Kriegsverhältnisse fast in allen europäischen Ländern eine erhebliche Verringerung der Bestände eingetreten ist. Für kleinere

Kapitalisten ist es vorteilhaft sich zusammenzuschließen, da die Rentabilität unverhältnismäßig mit dem Maßstab wächst, in dem die Zucht betrieben wird. Die Kosten des Hütens und der Pflege von 1000 Tieren sind nicht größer als die von 500.

Die Rindviehzucht

Nach Britisch-Indien, den Vereinigten Staaten und dem europäischen Rußland weist Argentinien den höchsten Stand an Rindvieh unter allen Ländern auf. Die wichtigsten Gebiete des Landes, die für die Rindviehzucht in Frage kommen, sind die Provinzen Buenos Aires, Corrientes, Santa Fé, Entre Ríos und San Luis. Möglich ist die Rindviehhaltung jedoch in fast allen Landesteilen. Am 1. Januar 1914 verteilte sich der Bestand der folgenden Aufstellung gemäß:

Provinzen und Territorien	Stück
Bundeshauptstadt	10 772
Buenos Aires	7 529 136
Santa Fé	4 699 150
Córdoba	2 109 286
Entre Ríos	2 508 501
Corrientes	5 706 971
San Luis	826 298
Santiago del Estero	1 173 987
Mendoza	358 024
San Juan	179 998
La Rioja	696 939
Catamarca	380 356
Tucumán	766 088
Salta	851 788
Jujuy	172 199
Pampa Central	272 390
Misiones	175 016
Formosa	363 801
Chaco	637 417
Los Andes	3 018
Río Negro	351 920
Neuquén	276 390
Chubut	678 011
Santa Cruz	50 167
Feuerland	18 378
Insel Martin Garcia	446
Insgesamt	30 796 447

Die Haltung findet entweder auf natürlichen Weiden, auf durch längere Viehhaltung verbesserten sogenannten „pastos tiernos“ mit zarten einjährigen Gräsern oder auf künstlich angelegten Luzerneweiden statt. Durchweg herrscht der freie Weidebetrieb ohne Ställe und Schutzvorrichtungen, bei dem das Vieh das ganze Jahr über im Freien bleibt. Daher ist das notwendige tote Inventar nur sehr geringfügig und beschränkt sich auf einige Schuppen.

Die Weidemast (invernada) ist ein besonderes System der Viehzucht, das entweder innerhalb des allgemeinen Rahmens oder auch als selbständiger Erwerbszweig betrieben wird. Sie besteht in dem Fettmachen von Tieren aus eigener Zucht oder angekauften Herden für die Zwecke des Konsums und der Gefrierfleischanstalten und findet besonders auf pasto tierno- und Luzerne-Weiden, überwiegend im Norden und Westen der Provinz Buenos Aires, vorzüglich in der Umgebung der Hauptstadt, ferner in den Provinzen Santa Fé und Córdoba sowie in den Andenprovinzen, von wo aus der Bedarf der Nachbarrepublik gedeckt wird, statt.

Gegenstand der Rindviehzucht war in früheren Jahrzehnten das einheimische sogenannte „criollo“-Vieh. Seit 40 Jahren ungefähr jedoch sind diese minderwertigen einheimischen Arten zumeist mit aus England eingeführten Rassetieren aufgekreuzt worden. Der letzte Viehzensus zeigt, daß von 30 Mill. Rindern nur noch 13 aus eingeborenem Vieh bestanden, 15 Mill. dagegen Kreuzungsprodukte, 875 000 durch Kreuzung rein gezüchtet und ungefähr 120 000 Vollbluttiere mit Stammbaum waren. Zur Kreuzung sind vorzüglich aus England eingeführt worden die Arten Durham, Short horn, Polled Angus, Hereford, Red Polled, Jersey, außerdem auch noch in geringeren Mengen holländisches, schweizerisches, holsteinisches und flandrisches Vieh.

Die Tendenz, Milchvieh zu züchten, ist ebenfalls schon seit Jahrzehnten zu verzeichnen. 1910 wurden 2,2 Mill. Milchkühe gezählt, davon 1 235 000 einheimischer Rasse, 922 000 aus Kreuzungen hervorgegangene und 5 000 Vollbluttiere mit Stammbaum. Der Rasse nach handelte es sich um 800 000 Durhams, 25 000 Herefords, 12 000 Polled Angus und 148 Red Polled, also keine Rassen, die eigentlich für Molkereizwecke in Frage kommen. Von wirklichen Milchviehrassen zählte man nur 2 575 flandrisches, 590 schweizerisches und 13 000 holländisches Vieh, wozu auch ostfriesisches und anderes norddeutsches Niederungsvieh zugerechnet ist, sowie 500 Tiere der Jersey-Rasse.

Unter den Schädlingen des Rindviehs sind die garrapatas (Zecken), die besonders in Corrientes und Entre Rios vorkommen, von wo der Ansteckungsgefahr wegen kein Vieh in die anderen Zonen überführt werden darf, zu nennen, die durch Abbrennen der Kämpe bekämpft werden. Auch das „mal de tristeza“ genannte

Texasfieber tritt auf. Durch die Einrichtung bestimmter Zonen, die nicht überschritten werden dürfen, werden diese Plagen von der Regierung erfolgreich bekämpft. Anhaltende Trockenheit und Überschwemmungen richten gelegentlich erheblichen Schaden an.

Rindvieh findet im Inlande und im Auslande in lebendem oder totem Zustande reiche Absatzmöglichkeit. Es finden entweder freie Verkäufe zwischen den Züchtern, Händlern und Schlächtern oder regelmäßige Viehauktionen, die an bestimmten Tagen an bestimmten Plätzen des Inlandes erfolgen, wo sich Züchter, Fleischer und Händler ihren Bedarf an Vieh zur Vermehrung, Arbeit, Mast- oder Schlachtzwecken verschaffen, und ferner direkte Verkäufe der Züchter an Exporteure, Großschlächter und Gefrierfleischanstalten statt.

Der Bedarf der Gefrierfleischanstalten sowie der Schlachthäuser belief sich 1917 auf über 4 Mill. Stück Rindvieh.

Die Ausfuhr von lebendem Rindvieh gestaltete sich in den letzten Jahren wie folgt:

	Stück	$ o/s		Stück	$ o/s
1912	261 416	9 140 080	1915	103 207	3 100 830
1913	224 911	6 848 830	1916	51 919	2 533 647
1914	115 556	3 482 990	1917	71 355	2 957 359

Die Preise für Hornvieh (und Kälber) stellten sich vor dem Kriege auf 40—300 $ m/n (10—80) Ende 1918 auf 150—350 $ m/n (90—110) das Stück.

Die Haltung von Schafen und die Schafzucht

Neben Australien ist Argentinien das weitaus wichtigste unter den Schafzuchtländern der Welt. Die ausgedehnten Weideflächen und das Klima begünstigen die Schafhaltung außerordentlich. Die dafür am besten geeigneten Gebiete liegen südlich des 30. Breitengrades, am wichtigsten darunter ist die Provinz Buenos Aires, darauf folgen die Provinzen und Territorien Entre Ríos, Corrientes, Pampa Central, Río Negro, Chubut, Santa Cruz und Feuerland, ferner Córdoba, San Luis und Santiago del Estero. In den subtropischen Gegenden sind weder das Klima noch die oft mit harten und bitteren Gräsern bestandenen Kämpe für die Schafzucht geeignet.

Anfang 1914 stellte sich der Bestand an Schafen wie folgt:

Provinzen und Territorien	Stück
Hauptstadt	4 000
Buenos Aires	33 381 000
Santa Fé	1 677 000
Córdoba	2 910 000
Entre Ríos	6 731 000
Corrientes	5 345 000
San Luis	1 310 000
Santiago del Estero	1 211 000
Mendoza	800 000
San Juan	185 000
La Rioja	214 000
Catamarca	217 000
Tucumán	240 000
Salta	543 000
Jujuy	1 015 000
Pampa Central	6 465 000
Misiones	19 000
Formosa	55 000
Chaco	33 000
Los Andes	128 000
Río Negro	6 810 000
Neuquén	858 000
Chubut	4 439 000
Santa Cruz	4 686 000
Feuerland	2 100 000
Insgesamt	81 376 000

1895 wurden 74 Mill., 1908 67 Mill. gezählt. Die Schafzucht weicht allmählich vor dem Ackerbau und der Großviehzucht auf Luzerneweiden aus den Provinzen Buenos Aires, Santa Fé und Córdoba in die südlichen Gebiete zurück. Der Bestand scheint in den letzten Jahren infolge der starken Nachfrage seitens der Gefrierfleischanstalten sehr stark abgenommen zu haben, so daß schon die Handelskammer in Avellaneda bei Buenos Aires, dem Sitz der Wollinteressenten, einschränkende Maßnahmen, wie sie auch Australien und die Vereinigten Staaten haben treffen müssen, vorgeschlagen hat.

Entweder wird die Schafzucht neben Großviehzucht und Ackerbau, wie es meist in den Küstengebieten der Fall ist, auf den verbesserten, wertvollen „pasto tierno"-Kämpen oder auf mit Pampagras bestandenen jungfräulichen Weiden, wie sie besonders der Süden Argentiniens aufweist, wo sie den Anfang der Wirtschaft bildet und den Boden bessert, betrieben. In den erstgenannten Gebieten zwingen die höheren Bodenpreise, die vorteilhaftere Nutzungsmöglichkeit durch den Ackerbau oder die Großviehhaltung zu intensiverer Zucht als es im Süden der Fall ist. Es werden dort kleinere Herden hochwertiger Rassen, die auch Pflege verlangen, gehalten, und dort findet auch die Fettmachung der Schafe auf Alfalfaweiden statt. Den Grad der höchsten Intensität erreichen die Rasseschafzüchtereien in den cabañas, die mit allen modernen Hilfsmitteln arbeiten, Schafställe besitzen, teure Zuchttiere, für die in neuester Zeit bis zu 8500 $ gezahlt worden sind, halten, und ihre Erzeugnisse an Schaffarmer absetzen.

Die Schafzucht erfordert immer große Weideflächen, die um so ausgedehnter sein müssen, je weniger wertvoll die darauf befindlichen Grasarten sind. In den Provinzen Buenos Aires, Santa Fé Entre Ríos und im Süden von Córdoba rechnet man 11—34, in den Territorien Pampa Central, Santa Cruz, Corrientes, Río Negro und Chubut 3—10 Tiere auf 1 ha. Nach einer Untersuchung von Dr. Richelet dagegen kann die Quadratlegua in den Territorien Río Negro, Chubut und Neuquén höchstens mit 1000, in Santa Cruz mit 1300 und auf Feuerland mit 2000 Schafen bestockt werden.

Meist werden die Herden von 1000—2000 Stück einem Pfleger anvertraut, dem ein bestimmter Bezirk als Weide zugewiesen wird und der entweder ein festes Gehalt bezieht oder am Gewinn der Zucht beteiligt wird. Für den Erfolg der Schafzucht ist die richtige Auswahl der für die bestimmte Gegend besonders geeigneten Rasse mitbestimmend. Ehe die Nachfrage der Gefrierfleischwerke einsetzte, wurde die Schafzucht fast nur zum Zweck der Wollgewinnung betrieben. Die wachsende Nachfrage der Gefrierfleischanstalten hat zur Zucht von Fleischrassen geführt.

Die von den Spaniern zur Kolonialzeit eingeführten Rassen verschwinden seit der Einführung europäischen Zuchtmaterials immer mehr. In den wichtigsten Schafzuchtgebieten, besonders auf den pasto tierno-Weiden finden sich durchweg nur noch Kreuzungsprodukte. In der Provinz Buenos Aires sind die meisten Herden durch Kreuzung reinblütig geworden. Die ursprünglichen Landschafe sind in die Gebirgsgegenden von Córdoba und San Luis zurückgedrängt worden. Nach Schätzungen setzen sich die Schafbestände Argentiniens zusammen aus 10 bis 15 % reinen Lincolns und Southdowns, 15 % reinen Merinos mit feinhaariger Wolle und 70—75 % Kreuzungsprodukten mit grobhaariger Wolle. Während früher die Merinorasse im ganzen Lande vorherrschte, überwiegt sie jetzt nur noch im Süden. Besonders in der Provinz Buenos Aires nimmt die Kreuzung mit grobwolligen Schafen wieder ständig zu. Diese Wandlung ist auf die starke Nachfrage seitens der Gefrierfleischanstalten zurückzuführen, die zu einer Bevorzugung großer, schnell wachsender Fleischrassen führt.

Nur in den cabañas und Viehzuchtsgütern, wo eine Zucht von Rasseschafen zu Zwecken der Reproduktion stattfindet und die Schafzucht intensiv betrieben wird, findet eine sorgfältige Pflege der Tiere statt und werden Schafställe zu ihrer Unterbringung errichtet. Die Schafhaltung kann jedoch meist auf derartige Einrichtungen verzichten, da sich die Tiere das ganze Jahr über im Freien aufhalten können. Aber auch dieser extensive Betrieb erfordert Arbeit und Erfahrung. Schaden richten unter den Herden langandauernde Trockenperioden, in einigen Gegenden auch Überschwemmungen an. Ferner kommt es in den entlegenen Teilen der südlichen Territorien vor, daß Füchse, Pumas und andere Raubtiere in die Herden einbrechen. Die Krätze wird systematisch durch Bäder und Waschungen mit Tabakslauge, Arsenpräparaten und Patentmitteln, die teils im Lande selbst hergestellt werden, teils aus dem Auslande stammen, bekämpft. Im Süden tritt die Krankheit selten auf.

Die Schafschur pflegt in den Monaten September/Oktober stattzufinden.

Die „cuadrillas"-(Schurtrupps) setzen sich teils aus eingewanderten Arbeitern, teils — so im Süden — vielfach aus indianischen Eingeborenen zusammen. Die Schur erfolgt teils mit Scheren und kostet dann für das Stück 20—30 cts m/n, teils mit der Maschine in Akkordarbeit, wobei 18—30 cts gezahlt werden, und von einem Schafscherer täglich bis 100 Tiere geschoren werden können. Bei festem Lohn pflegen in den verschiedenen Landesteilen folgende Tagelöhne, in die die Unterhaltskosten eingerechnet sind, gezahlt zu werden:

Tagelohn einschl. Beköstigung bei der Schafschur (in $ m/n):

Provinzen und Territorien	Gewöhnl. Arbeiter	Heizer	Köche	Träger	Schafscherer
Buenos Aires	3.—	7.—	3.—	3.—	7.—
Santa Fé	3.—	8.—	3.—	3.—	6.50
Córdoba	2.—	8.—	2.—	2.50	5.50
Entre Ríos	2.—	10.—	2.—	2.50	6.50
Corrientes	1.50	10.50	1.50	2.50	6.—
San Luis	2.—	8.—	2.50	2.50	5.—
Santiago del Estero	1.50	8.—	2.—	2.—	6.—
Mendoza	2.50	8.—	1.50	2.50	7.—
San Juan	1.50	8.—	1.50	2.50	4.—
La Rioja	1.50	8.—	1.50	2.—	6.50
Catamarca	1.50	8.—	1.50	2.—	6.50
Tucumán	2.—	8.—	1.50	2.50	8.—
Salta	2.—	8.—	2.—	2.—	5.—
Jujuy	1.50	8.—	1.50	2.—	3.50
Pampa Central	2.50	8.—	2.50	2.50	7.—

Provinzen und Territorien	Gewöhnl. Arbeiter	Heizer	Köche	Träger	Schafscherer
Misiones	1.50	10.—	2.50	2.50	2.50
Chaco	3.—	10.—	2.50	2.50	2.50
Formosa	2.50	10.—	2.50	2.50	4.—
Río Negro	2.50	10.—	3.—	3.—	8.—
Neuquén	2.—	10.—	2.50	3.—	6.—
Chubut	3.—	10.—	3.—	3.—	12.—
Feuerland	3.—	10.—	3.—	3.—	10.—

Der Wollertrag gestaltet sich durchschnittlich folgendermaßen in kg je Tier: Buenos Aires 3½, Santa Fé 3, Córdoba 2, Entre Ríos 2, Corrientes 2, San Luis 2, Pampa Central 3, Río Negro 3, Neuquén 2, Chubut 3½.

Die Absatzmöglichkeiten für die Produkte der Schafzucht, Wolle und lebende Tiere für Schlachtzwecke, sind angesichts der starken Nachfrage sehr günstig. Die Wolle wird dem Züchter von Aufkäufern abgekauft und gelangt in die großen Märkte von Buenos Aires, von wo der größte Teil exportiert, ein verhältnismäßig kleiner Teil verarbeitet, d. h. gewaschen wird oder in die bestehenden Textilfabriken wandert.

Die Ausfuhr ungewaschener Wolle betrug:

	t	$ o/s
1912	164 964	58 148 664
1913	120 080	45 270 016
1914	117 270	46 967 658
1915	117 670	55 579 000
1916	117 657	64 278 315
1917	127 433	101 300 020

Während früher aus Argentinien nur ungewaschene Wolle ausgeführt wurde, hat jetzt die Wollwäscherei, besonders im Hinblick auf die Frachtersparnis, größeren Umfang angenommen. 1916 wurden schon 3 902 t, 1917 8 089 t gewaschene Wolle im Werte von 2,73 bezw. 17,08 Mill. $ o/s exportiert. Die Preise für Wolle sind während des Krieges außerordentlich gestiegen, wie folgende Aufstellung zeigt (in $ m/n je 10 kg):

	März 1918	März 1917	Aug. 1916	Aug. 1914
Superior Crossbreds	30	21	15—18	10—12
Good Average „	27	17	12—16	8—10
Inferior „	21	13	9—12	7—9
Superior Merino	27	17	12—15	8—11
Good average „	24	15	9—12	6—8
Inferior „	18	12	—	—

Der Bedarf der heimischen Textilindustrie ist im Steigen begriffen. 1912/1913 beanspruchte sie 7000 t, 1913/1914 10 bis

13 000 t, 1916 für Gewebe allein 9000 t, für Hüte 700 t, für Filze 70 t.

Die lebenden Tiere werden zum geringeren Teile ausgeführt und finden zum überwiegenden Teile für den inländischen Fleischverbrauch und in den Gefrierfleischwerken Verwendung.

Die Ausfuhr von lebenden Schafen gestaltete sich wie folgt:

	Stück	$ o/s
1912	104 898	314 694
1913	103 997	311 991
1914	52 085	156 255
1915	24 168	72 504

Der Bedarf der Gefrierfleischanstalten und Schlachthäuser betrug 1917 3,79 Mill. Stück.

Ende 1918 stellten sich die Preise in Buenos Aires

für Hammel für die Schlachthäuser auf	35—40	$ m/n
„ Hammel für Gefrierfleischanstalten „	32—34	„
„ Schafe für die Schlachthäuser ....„.......	35—37	„
„ gewöhnliche Schafe ....„.......	22—25	„
„ andere Schafe ....„.......	14—17	„

Um in Argentinien Schafzucht zu treiben, gibt es verschiedene Möglichkeiten. Ein primitiver Betrieb kann schon mit geringen Mitteln in Angriff genommen werden, wenn ein ähnlicher Weg eingeschlagen wird, wie bei dem Pachtsystem im Ackerbau. Der Schafzüchter spielt dabei die Rolle eines mit geringer Kapitaleinlage am Gewinn interessierten Schafhirten. Er übernimmt von dem Besitzer einer größeren Herde, der Tiere abstoßen muß, die sein Kamp nicht mehr ernähren kann, vielleicht 1000 Schafe, die Eigentum des Besitzers bleiben, hütet sie auf einem freien Regierungskamp, pflegt die Tiere und erledigt die Schur. Sein Gewinn besteht in der Hälfte des Erlöses aus den Wollverkäufen und in der Hälfte der Vermehrung der Tiere. Die Mittel, die für einen derartigen Betrieb gebraucht werden, belaufen sich auf einige 1000 $ m/n, die für den Bau einer meist primitiven Hütte, Handwerkszeuge, Lebensmittel sowie für eine Anzahl Pferde, Krätzemittel, Lohnzahlungen für die Schur und den Transport der Wolle verwendet werden müssen. Das Risiko ist nicht groß. Der Teilhaber pflegt dem Besitzer für die Kopfzahl der Herde zu haften. Vielfach verdingen sich auch diese Art Schafzüchter noch nebenbei gegen Lohn. Die Lebensführung ist durchweg äußerst einfach. Viele Beispiele zeigen, daß der gezeichnete Weg zum Erfolg führen kann. Landkauf oder Pachtung findet dabei nicht statt. Ein Anrecht auf das freie Regierungsland wird durch die Bestockung nicht erworben (Vergl. Die Schafzucht in Patagonien von O. B. Freising bei München 1913).

Ein anderes Verfahren besteht darin, daß der angehende Schafzüchter von einem schon auf eigenem Grund und Boden etablierten Schafzüchter sich einen Teil von dessen Land, das für etwa 1000 Schafe Weidemöglichkeit bietet und auf dem schon Gebäude, Schafhürden, Tränken, Umzäunungen vorhanden sind, zur Nutzung geben läßt und aus eigenen Mitteln, die wieder mindestens einige 1000 $ m/n betragen müssen, Schafe kauft, mit denen das Land bestockt wird. Der Besitzer schießt gewöhnlich die Kosten für die Schur und die Krätzemittel vor. Der Gewinn aus dem Verkauf von Wolle, Fellen, Tieren wird alljährlich zu gleichen Teilen geteilt. Das Abkommen pflegt auf drei Jahre getroffen zu werden. Durch die Anlage eines Gemüsegartens, durch Rindvieh- und Geflügelhaltung erleichtert der Teilhaber seine Lebenshaltung.

Ein weiteres Verfahren besteht darin, daß der Landbesitzer die für die Ernährung einiger 2000—2500 Schafe nötige eingezäunte Weidefläche mit den notwendigen Einrichtungen versieht und etwa 800 Tiere dem Schafzüchter zur Verfügung stellt. Letzterer bringt die gleiche Anzahl Schafe mit in das Geschäft und beaufsichtigt und besorgt die ganze Herde. Alljährlich wird der Gewinn aus dem Verkauf der Tiere und der Wolle zur Hälfte geteilt. Nach Ablauf des Kontraktes, der gewöhnlich drei Jahre umfaßt, wird die Herde zu gleichen Teilen geteilt. Es sind auch für diesen Betrieb einige 1000$ m/n für den Erwerb der 800 Schafe, einiger Pferde und für die Kosten des Lebensunterhaltes notwendig. Auch bei diesem Verfahren ist das Risiko gering und die Gewinnchance günstig.

Die selbständige Zucht auf gepachtetem oder käuflich erworbenem Besitz erfordert größere Mittel, die zwischen 7000 $ und 40 000 $ schwanken können, je nachdem, ob das Weideland käuflich erworben wird oder nicht. Man rechnet dabei in 5 Jahren auf eine Verdoppelung des Anlagekapitals.

Als Anhaltspunkt für die Beurteilung der Kosten und Rentabilität eines größeren Betriebes mag folgende Berechnung von fachmännischer Seite dienen:

Berechnung einer Schaffarm im Süden Argentiniens für 8000 Schafe

6 leguas Weideland zu 2500 ha = 15 000 ha zu 5 $ m/n	75 000 $ m/n
8000 Schafe zu 7 $ m/n	56 000 „
Wohnhaus, Einzäunung, Scheren, Badeeinrichtungen gegen die Krätze	7 000 „
	138 000 $ m/n

Unkosten

Zinsen auf das Kapital von 138 000 zu 5 % .	6 900	$ m/n
Schur von 8000 Schafen zu 30 cts m/n	2 400	„
Lohn für 5 Knechte zu 50 $ m/n monatlich; im Jahr	3 000	„
Ernährung: 6 Personen zu 20 $ m/n monatlich; im Jahr	1 450	„
Transport der Wolle: 32 000 kg zu 1 $ m/n je 100 kg	320	„
Andere Spesen	930	„
	15 000	$ m/n

Ertrag

32 000 kg Wolle zu 1 $ m/n........	32 000		
Vermehrung der Schafe = 25 % von 8000 Stück = 2000 Lämmer zu 5 $ m/n	10 000	42 000	„
	bleibt Gewinn	27 000	„

Nicht berücksichtigt sind in dieser offenbar optimistischen Berechnung Verluste, wie sie durch Trockenheit und Krankheit entstehen können.

Die Schafzucht pflegt verhältnismäßig weniger abzuwerfen als der Ackerbau. Das Risiko ist durchweg jedoch geringer und Totalverluste sind so gut wie ausgeschlossen. Sie ist um so rentabler, auf je größerer Fläche sie betrieben wird, da ein großer Betrieb nicht mehr ständige Arbeitskräfte als ein kleiner gebraucht. Das Streben geht daher auf den Zusammenschluß von Kapitalisten zu gemeinsamer Schafzucht auf großen Gebieten hin. Eine Reihe englischer Landgesellschaften zählt zu den bedeutendsten Schafzüchtern.

Argentinien bietet besonders in den südlichen Teilen der Schafzucht noch Raum genug. Nach einer amtlichen Angabe beträgt die Bestockung je qkm in den verschiedenen Zonen:

Hauptstadt, La Plata	146.4
Süden und Osten der Provinz Buenos Aires	171.0
Zentrum der Provinz Buenos Aires	85.0
Westen der Provinz Buenos Aires	56.0
Norden der Provinz Buenos Aires	117.8
Provinz San Luis und Territorium Pampa Central	35.1
Süden der Provinz Córdoba	11.5
Norden der Provinz Córdoba	21.2
Süden der Provinz Santa Fé	24.3
Norden der Provinz Santa Fé	8.4
Süden der Provinz Entre Ríos	50.1
Norden der Provinz Entre Ríos	113.3
Provinz Corrientes und Territorium Misiones	45.9

Provinz Santiago del Estero und Territorien Chaco und Formosa	3.3
Provinzen Tucumán, Salta, Jujuy und Territorium Los Andes	6.6
Provinzen Mendoza, San Juan, La Rioja und Catamarca	3.3
Territorien Río Negro und Neuquén	24.5
Territorien Chubut, Santa Cruz, Feuerland und Insel Martín García	20.5

Angesichts des Rückganges der Schafzucht zugunsten des Ackerbaues in der ganzen Welt und der wachsenden Nachfrage nach Fleisch und Wolle, die sich in der starken Preissteigerung dieser Produkte äußert, dürfte mit günstigen Ergebnissen in diesem Zweige der argentinischen Viehzucht für längere Zeit zu rechnen sein.

Die Schweinezucht

Die Haltung und Zucht von Schweinen ist in Argentinien bislang nur wenig entwickelt, gewinnt jedoch an Verbreitung. 1895 wurden 653 000, 1908 1 404 000 und 1913 mehr als 3 197 000 Tiere gezählt. Diese Bestände sind denen der Vereinigten Staaten mit 65 Mill. Stück (1915) und denen Deutschlands vor dem Kriege von ca. 26 Mill. Stück gegenüber noch verhältnismäßig sehr gering. Die Vorbedingungen werden allgemein günstig beurteilt. Am besten eignen sich dazu die Ackerbauprovinzen. Mais sowie Luzerneweiden sind für die Fütterung im Ueberfluß vorhanden. In letzter Zeit hat die Zucht durch die wachsende Nachfrage der Gefrierfleischanstalten Anregung erfahren.

Meist wird die Schweinehaltung in Verbindung mit den übrigen Zweigen der Landwirtschaft betrieben, sie bildet aber auch Gegenstand selbständiger Ökonomien, sogenannter „chancherias“.

Die Tiere werden im Freien innerhalb eines mit Drahtgeflecht umzäunten Platzes des „potrero“ gehalten, der am besten von einem Bache durchflossen wird, in dem sich die Tiere baden und wo sie ihren Durst löschen können. Die in derartigen Niederungen vorkommenden hohen, dichten, perennierenden Pflanzen bieten ihnen Schutz vor Sonne und Wetter. Ein Teil des Geheges wird mit Luzerne bepflanzt, die das nötige weiche Massenfutter liefert.

Rotlauf der Schweine, der in Deutschland so gefürchtet ist, ist so gut wie unbekannt, was der reichlichen Sonne und Luft zugeschrieben wird.

Die Mästung der Tiere erfolgt in durch kräftiges Drahtgeflecht und Pfähle hergestellten Zwingern mit etwas abgeschrägtem Ziegelpflaster zum Abfließen der Gülle, die mit einem Wellblechdach überdeckt sind. Sie bilden eine lange und breite Gasse, in deren Längsmitte die Maiskrippe steht, in die ein auf Schienen laufender Wagen die Maiskörner automatisch schüttet. Zur Mast erhalten die Tiere nach Teuber drei Monate lang guten, rohen, trockenen und unzerkleinerten Mais und reines, frisches Wasser. Ferner werden, wo sich Mühlen und Molkereien befinden, deren Abfallprodukte verfüttert. Wichtig für den Erfolg soll eine geeignete Auswahl der Rassen sein, da auf ein dem europäischen Geschmack entsprechendes Fleisch gezüchtet werden muß. Kreuzungen mit einheimischen Wildschweinen sind dazu natürlich ungeeignet. Zur Zucht werden hauptsächlich die aus England eingeführten Berkshire- und Yorkshire-Rassen, von denen alljährlich einige 100 Tiere importiert werden, (1913 413, 1914 174) benutzt.

Der Absatz geschieht an die Viehmärkte von Buenos Aires oder anderer Bevölkerungszentren, wo die Großschlachter ihren Bedarf decken. Die Schlachtkampagne erstreckt sich nur auf die Wintermonate Juni und Juli, in denen die Großschlachter tausende von Tieren schlachten und auch in den kleinen Provinzstädten hunderte von Tieren verarbeitet werden.

Der Konsum frischen Schweinefleisches ist in der kühlen Jahreszeit nicht unbedeutend. Es findet in den großen Städten immer Absatz und gilt vielfach als Delikatesse, was auch in den relativ hohen Preisen in Erscheinung tritt. Ein großer Teil wird zu Wurst und Schinken verarbeitet, die der aus Nordamerika, Deutschland und Spanien eingeführten Ware Konkurrenz machen. Der inländische Verbrauch erfordert jährlich ungefähr 225 000 Tiere. Der Absatz in das Ausland ist bislang nur sehr beschränkt. Die Ausfuhr lebender Schweine, die vor 20 Jahren vorübergehend nicht unbedeutend war, und sich nach Uruguay und Brasilien richtete, ist ganz geringfügig geworden. Die Gefrierfleischanstalten haben vor dem Kriege nur geringe Mengen zwecks Verarbeitung zu Gefrierfleisch für den Export geschlachtet. Sie brauchten in den letzten Friedensjahren nur 14 000 Stück jährlich, wovon die Hälfte für den argentinischen Verbrauch bestimmt war. Erst der Krieg hat eine stärkere Nachfrage gebracht. Die Armour-Werke errichteten eine Schweineschlachtungsanlage, die täglich 3000 Stück verarbeiten und 1918 betriebsfertig sein sollte. Die Gesellschaft führte aus den Vereinigten Staaten reinrassige Tiere zur Zucht ein, die an Landwirte zum Selbstkostenpreis abgegeben wurden.

Nach amtlichen Angaben stellten die Gefrierfleischwerke und Fleischwarenfabriken insgesamt für den Export folgende Mengen Schweinefleisch her (in t):

1913	—
1914	299
1915	2 979
1916	2 723
1917	4 335

Wenn es sich auch um eine Kriegskonjunktur handelt, so zeigen die Zahlen doch, daß sich das argentinische Schweinefleisch eine Absatzmöglichkeit zu erobern vermag. Man kann die Schweinezucht in Argentinien sowohl für kleine als große Kapitalisten, sowohl in Verbindung mit anderen landwirtschaftlichen Produktionszweigen als auch als selbständigen Erwerbszweig wohl als zukunftsreich beurteilen. Aller Voraussicht nach werden die Gefrierfleischwerke, deren Interesse für diesen Viehzuchtszweig bekannt ist, immer größere Mengen verarbeiten, so daß mit einer regen Nachfrage gerechnet werden kann.

Die Pferdezucht

Wenige Länder bieten der Pferdezucht so gute Vorbedingungen wie Argentinien. Von 1895 bis 1908 hat sich der Bestand von 4,5 auf 7,5 Mill. Pferde gesteigert, und 1913 wurden beinahe 10 Mill. gezählt. Nach Rußland und den Vereinigten Staaten ist die Republik demnach das pferdereichste Land der Welt. Es eignen sich zur Zucht besonders die Küstenprovinzen ausgezeichnet und zwar auch die minderwertigen Böden und Weiden. Der Norden Argentiniens ist weniger geeignet. Besonders in Misiones leiden die Tiere an der „mal de cadera“ genannten Lähmung des Hinterviertels, so daß eine Zucht in größerem Maßstab dort unmöglich ist. Das einheimische Pferd, dessen andalusisch-maurische Stammeltern von den spanischen Eroberern ins Land gebracht wurden und meist verwilderten, zeigt sehr ungleiche Eigenschaften. Die Zucht ist mit Ausnahmen bislang nicht rationell betrieben worden und bietet Fachleuten dankbare Aufgaben. Besonders soll die Zuchtwahl der zur Kreuzung bestimmten Stuten viel zu wünschen übrig lassen und die Nachzucht häufig vernachlässigt werden. Es werden besonders gezüchtet englisches Vollblut, Hackney, Clydesdales, Cleveland, Trakehner, ferner Normannen, Percherons und Yorkshire. Die Nachfrage nach Zug-, Wagen- und Luxuspferden im Lande ist bedeutend. Die Preise für gute Exemplare sind hoch. Der Absatz nach dem Auslande ist bislang nicht erheblich gewesen. Es wurden an Pferden hauptsächlich nach Uruguay, Chile, Paraguay, Bolivien und Brasilien sowie während des Krieges nach England und Frankreich ausgeführt:

	Stück	$ o/s
1912	12 549	667 150
1913	13 549	736 550
1914	15 882	1 174 800
1915	52 167	4 862 750
1916	20 219	—
1917	5 345	—

Hinderlich stehen dem Export das Fehlen einer einheitlichen Zuchtrichtung, die entstellenden Brandmarken, ferner der Umstand, daß die Tiere nicht immer zu sofortiger Arbeitsleistung geeignet sind, sondern erst gezähmt werden müssen, und die nachteilige Wirkung der Seereise entgegen. Fachleute halten diese Schwierigkeiten jedoch für überwindlich und meinen, daß dem argentinischen Pferde die Zukunft auf dem Weltmarkt gehört. Pferdehäute und Pferdehaare sind seit langem wichtige Exportartikel. Pferdefleisch — besonders von Stuten — war die bevorzugte Nahrung der Pampasindianer und der gauchos. Die Zucht findet durchweg in den der Viehzucht überhaupt gewidmeten estancias und cabañas, also auf ausgedehnten Ländereien mit Ställen, Baulichkeiten usw. statt. Größere Mittel sind dafür erforderlich.

Ähnlich wie bei der Pferdezucht liegen die Verhältnisse für die Zucht von Eseln und Maultieren.

Die Ausfuhr beider Arten war von 1900—1905 recht bedeutend, ist jedoch in den folgenden Jahren stark zurückgegangen. In den letzten Jahren gestaltete sie sich folgendermaßen:

	Esel		Maultiere	
	Stück	$ o/s	Stück	$ o/s
1911	10 706	214 120	11 655	349 650
1912	15 485	309 700	17 629	528 870
1913	16 936	338 720	17 544	526 320
1914	14 532	290 640	9 404	282 120
1915	7 390	147 800	10 890	326 825

Die Ziegenzucht

Die Haltung von Ziegen ist in Argentinien ziemlich verbreitet, besonders in den gebirgigen Teilen des Landes, so in den Provinzen und Territorien Córdoba, San Luis, La Rioja, Catamarca, Santiago del Estero und Neuquén. Der Gesamtbestand mag $4^1/_2$ Mill. Stück erreichen. Der rationellen Zucht und wirtschaftlichen Ausnutzung wird erst in letzter Zeit größere Aufmerksamkeit entgegengebracht. Die Tiere geben eine sehr große Vermehrung und sind daher für den kleinen Ansiedler und bei reichlich verfügbaren Kämpen auch für die Besitzer kleiner Landstellen für die Deckung des Fleischbedarfes wohl geeignet, doch kommt die Haltung für den Estanciabetrieb nicht in Betracht. Die Ziegenhaltung ist vielmehr meist Gegenstand des Kleinbetriebes. In einigen Gegenden ist der lokale Bedarf an Ziegenfleisch für Genußzwecke nicht unbedeutend. Die Verwertung der Felle und der Milch ist noch nicht stark entwickelt. Der Export an Ziegenfellen, der sich zum größten Teile nach den Vereinigten Staaten richtet, belief sich in den letzten Jahren durchschnittlich auf 2 011 t im Werte von 1,089 Mill. $ o/s und betrug 1916 3213, 1917 1904 t im Werte von 2,936, bezw. 2,221 Mill. $ o/s. An Zickleinfellen werden alljährlich ca. 329 000 Stück für ungefähr 197 000 $ o/s besonders nach Frankreich ausgeführt. Der Export lebender Ziegen ist ganz unbedeutend.

Die Geflügelzucht

Die Geflügelzucht ist noch recht wenig entwickelt und bietet gute Aussichten. Das Land deckt seinen steigenden Bedarf an Eiern in stark wachsendem Maße im Auslande. Von 1910 bis 1914 stieg der Import an frischen Eiern von 1274 auf 3300 t im Werte von 255 000 und 660 000 $ o/s, fiel jedoch während des Krieges beträchtlich. Dabei übersteigt die Nachfrage nach frischen Eiern besonders in der Hauptstadt und in den größeren Städten das Angebot erheblich. Eingeführte Eier erzielten vor dem Kriege im Kleinhandel das Dutzend 1 $ m/n.

Auch Geflügel findet guten Absatz. Die Anlage von Geflügelfarmen erfordert keine großen Mittel. Die dazu notwendige Landfläche ist nur gering. Gewöhnliche Hühner, die zum Preise von 0,75 $ m/n das Stück gekauft werden, können nach 6 Monaten zu ca. 1½ $ m/n wieder abgesetzt werden. Die Futterkosten sind gering, am geringsten bei der als Kamphuhn bezeichneten Art, die auf den Feldern ihre Nahrung findet.

Zuchttiere erzielen auf Auktionen und Ausstellungen hohe Preise. In der Nachbarschaft von Buenos Aires hat sich in den letzten Jahren die Zucht mit importierten Tieren gut entwickelt, meist jedoch wird ihr nur geringe Sorgfalt geschenkt, da die Tiere im Freien ohne Pflege aufwachsen, so daß Verluste durch Schädlinge wie Wiesel oft entstehen. Berichte aus letzter Zeit weisen auf die Möglichkeit der Entwicklung einer Ausfuhr gefrorener Hühner, Enten und Gänse als besonders beachtenswert hin.

Für die Haltung von Straußen sind die Gegenden mit trockenen Sandböden gut geeignet. Kapstrauße lassen sich dort leicht akklimatisieren. Die Federn sind durchweg jedoch nur für die Herstellung von Staubwedeln und für ähnliche Zwecke geeignet. Ausgeführt wurden vor dem Kriege ungefähr 70 000 kg jährlich im Werte von 275 000 $ o/s, von denen der größte Teil von wilden Tieren stammen dürfte.

Die Seidenraupenzucht

Die Seidenraupenzucht war zur Zeit der spanischen Eroberung ziemlich stark besonders im Norden verbreitet, ging jedoch, als Seide eingeführt wurde, ein. Der Maulbeerbaum, von dem 1910 etwa 4 Mill. Stück gezählt wurden, gedeiht besonders in der nördlichen und mittleren Region. Seine Anpflanzung wird, zumal die Blätter als Viehfutter dienen können und das Holz auch verwertet werden kann, propagiert. Eine zwischen der chinesischen und der europäischen liegende Art Seidenwurm ist mit Erfolg akklimatisiert worden. Ende 1918 wurden gute Erfolge der Zucht aus der Provinz Catamarca gemeldet.

Der Weinbau und die Weinindustrie

Der Weinbau und die Weinindustrie haben sich in Argentinien mit Riesenschritten, beinahe mit zu großer Hast, entwickelt. Nach Weizen, Mais und Leinsaat ist die Rebe neben dem Zuckerrohr heute die wichtigste Kulturpflanze des Landes. Unter den weinproduzierenden Ländern der Welt steht die Republik hinter Frankreich, Italien, Spanien und Algerien an fünfter Stelle, und alles spricht dafür, daß sie in absehbarer Zeit in dieser Reihe noch weiter aufrücken und einmal, wenigstens für den amerikanischen Kontinent, das wichtigste Weinland werden wird. Die folgende Aufstellung über die Anbaufläche und Produktion in den einzelnen Landesteilen zeigt, wo die Bodenverhältnisse, die klimatischen und allgemeinen Bedingungen für die Kultur der Rebe am günstigsten sind (in ha):

Provinzen und Territorien

	1872	1888	1895	1914
Bundeshauptstadt	—	—	19	—
Buenos Aires..............	?	1 518	2 574	3 700
Santa Fé	—	2 565	804	1 200
Córdoba..................	285	488	1 246	1 700
Entre Ríos	?	705	2 014	1 600
Corrientes................	—	209	285	3 300
San Luis	243	69	504	1 100
Santiago del Estero	34	1 949	283	800
Tucumán	—	54	290	300
Mendoza	—	6 740	11 753	72 892
San Juan.................	3 088	7 119	7 935	30 657
Rioja....................	?	1 684	2 040	4 800
Catamarca	—	1 948	2 160	6 800
Salta....................	—	595	1 211	1 000
Jujuy	—	10	20	460
Misiones	—	1	66	20
Formosa..................	—	—	16	—
Chaco	—	—	158	—
Pampa Central	—	—	48	270
Neuquén..................	—	—	5	150
Río Negro	—	—	28	1 700
Insgesamt	3 650	25 654	33 459	132 479

Die wichtigsten Weinbaugebiete sind die Andenprovinzen Mendoza, San Juan und Catamarca. Als besonders aussichtsreich haben sich in den letzten Jahren das Río Negrogebiet und Corrientes erwiesen, die den Andengebieten gegenüber den Vorteil des billigeren Flußtransportes aufweisen.

Die Kultur der Rebe ist erst seit ungefähr einem Jahrzehnt gründlich und wissenschaftlich betrieben worden und bietet heute noch Fachleuten ein dankbares Feld für Verbesserungen, dem sich verständlicherweise besonders Franzosen gewidmet haben. Bis in die letzte Zeit bestand die Tendenz, billige Sorten zu kultivieren; feinere Qualitäten haben erst vor verhältnismäßig kurzer Zeit Eingang gefunden. Früher pflegte man nur die „uva criolla" zu pflanzen, heute wiegt der Anbau der „uva francesa" vor. In den letzten Jahren sind Marken wie Malbec, Semillon, Cabernet, roter und weißer Pinot, Savignon, Barbera und Alicante-Bouschet in größerem Umfang angebaut worden.

An Schädlingen sind Heuschrecken und Hagel zu nennen. Der Reblausgefahr in Argentinien mißt der französische Sachverständige Professor Ravaz keine große Bedeutung bei, da sie leicht auszurotten und im übrigen durch die Verwendung nordamerikanischer Rebstöcke zu verhindern sei.

Die Ernte findet vom Februar bis April und Anfang Mai statt.

An Arbeitskräften dafür besteht kein Mangel. Zum Teil wird die Kultur in Weingärten (viñas), deren Besitzer meist Spanier, Italiener, Franzosen, Argentiner, Deutsche und Dänen sind, als selbständiger Erwerbszweig getrieben, zum Teil aber sind die Weingartenbesitzer gleichzeitig Inhaber von Keltereien und Kellereien, der sogenannten „bodegas." Daraus ergibt sich eine wirtschaftliche Abhängigkeit der Weinbauern von den Fabrikanten, die es in der Hand haben, die Preise für die Trauben zu bestimmen. Ungefähr die Hälfte der Weinberge ist Eigentum der Keltereien und Kellereien, die in erster Linie natürlich ihre eigene Ernte verarbeiten und erst in zweiter Linie die Trauben aufkaufen.

Für die Anlage eines Weingartens oder Weinberges können schon Flächen von wenigen Hektaren gewählt werden. Die Preise für geeignete Böden wechseln stark je nach der Lage und erreichen in den Weinbauzentren schon erhebliche Höhe. 1910 kostete in der Umgebung der Stadt Mendoza jungfräuliches Terrain von 494 $ m/n je ha an aufwärts. Altkultivierte Terrains mit Gattern und Holzgestellen zur rationellen Kultur werteten 1910 3750—4250 $ m/n je ha. Seitdem sind die Preise gefallen und in letzter Zeit wieder etwas gestiegen. Der Gewinn hängt wesentlich von den jeweiligen Marktpreisen für die Trauben ab. Dieser wechselt je nach der Nachfrage seitens der Weinfabrikanten, deren Absatz wieder von dem Konsum der Landarbeiter während der Ernte, letzten Endes also von dieser abhängt, erheblich. Der Preis der Trauben stellte sich je quintal 1911 auf 3.60—3.70$ m/n, 1912 auf 4.25—5.25, 1913 auf 3.50—3.75 $ m/n frei Kellerei.

In guten Erntejahren besteht für die Weinbauern die Gefahr — besonders wenn die bodegas noch größere Weinbestände besitzen — die Produktion nicht mehr lohnend absetzen zu können. Oft sind Klagen darüber laut geworden, und es ist vielfach von einer kritischen Lage der kleineren Weinbauern, besonders solcher, die ihre Ernte nicht selbst verarbeiten können, die Rede gewesen. Daher haben sich Bestrebungen zur Bildung von Genossenschaften zwecks gemeinsamer Verarbeitung der Ernte in den letzten Jahren bemerkbar gemacht. Die Statistik verzeichnet 1913/14 zum ersten Mal eine Genossenschaft auf diesem Gebiete; 1914/15 zählte man schon (gleichzeitig mit solchen für Obstverwertung) drei, die 136 Mitglieder und ein Kapital mit Reserven von 91 046 $ m/n aufwiesen und gemeinsam für 249 610 $ m/n Wein (und Früchte) umsetzten.

Die Auslagen für Anpflanzung, Pflege usw. der Weinstöcke während dreier Jahre, nach denen man bereits die erste Ernte erhält, beliefen sich vor dem Kriege auf ca. 858 $ m/n je ha einschließlich der Ausgaben für Einzäunung. Nach drei Jahren kann mit einem Ertrag von 2500—4000 kg Trauben je nach der Pflege seitens der Pflanzer gerechnet werden. Im fünften Jahre aber erst tritt die volle Ertragsfähigkeit ein. Unter günstigen

Verhältnissen gibt der Weinberg 12—14 000 kg je ha jährlich. Der Ertrag je ha steigt jedoch bis auf 40 000 kg.

Der Rebenertrag ist am größten in Mendoza, am kleinsten im Río Negrogebiet. Zum Teil finden die Trauben als Tafeltrauben Verwendung, zum Teil dienen sie der Weinfabrikation. Das Schneiden der Trauben wird meist von Frauen und Kindern besorgt. Gesammelt werden sie in „canecas“ von 65 kg Inhalt. Der Lohn beträgt ca. 10—15 cts o/s je caneca. Die Tagesleistung steigt bis zu 12 canecas täglich. Für den Transport der canecas durch Männer bis zu den Abfahrtsstraßen des Weingutes werden 1.10—1.55 $ o/s je Tag gezahlt. Der gleiche Lohn gilt in den bodegas.

Gleichzeitig mit dem Weinbau hat sich die W e i n i n d u s t r i e in Argentinien geradezu sprunghaft und nach der Zuckerindustrie zu einer der wichtigsten des Landes entwickelt. Ihr Hauptsitz ist in Mendoza und San Juan. Gründlich und wissenschaftlich wird die Weinfabrikation erst seit einigen Jahren betrieben, und sie bietet Fachleuten heute noch große Möglichkeiten. Beherrscht wird die Weinindustrie von dem Prinzip des raschen Umsatzes, was bei der schwierigen Kapitalbeschaffung und dem hohen Zinsfuße erklärlich ist. Es wäre eine verfehlte Spekulation, den Wein in größeren Mengen mehrere Jahre über lagern zu lassen. Hergestellt wird besonders der ordinäre Landwein, der mehr als die Hälfte des Wertes der Gesamtproduktion ausmacht. Die populärsten Sorten sind die „vinos ordinarios“, rote und weiße Clairets, deren Qualität sehr verschieden beurteilt wird.

Die Flaschenweinindustrie liegt noch in den ersten Anfängen. Die Menge des hergestellten Champagners sowie Likörs ist gering. Die Mendozaweine sind meist extraktreich, farb- und alkoholreich, entbehren jedoch der natürlichen Säure und des Bouquets. Sie eignen sich in ihren gewöhnlichen Sorten daher besonders zum Verschnitt. Eine Durchschnittsanalyse von 1912 ergab folgendes: Extrakt: Rotwein nicht unter 24 %, Weißwein nicht unter 18 % ,Alkohol 12 %, Säure ohne künstlichen Zusatz 3 %. Die provinzielle Direccion general de industrias übt eine sehr strenge Kontrolle über die in den Handel kommenden Weine aus, indem sie zuerst in der Kellerei und dann, nachdem der Wein auf der Bahnstation zum Versand fertig liegt, Muster zieht und die dem Gesetze nicht entsprechenden Produkte rücksichtslos vernichtet.

Im Laufe der Jahre hat sich die Industrie zu einer großkapitalistischen entwickelt. Die größten Kellereien sind Aktiengesellschaften geworden, an deren Bildung die Filialen der großen europäischen Banken kräftig mitgewirkt haben. Einige der wichtigsten Unternehmen sind: Bodegas y Viñedos Domingo Tomba, Buenos Aires, Bodegas y Viñedos Giol, Mendoza (Godoy Cruz), Destileria, Bodegas y Cervecería Germania, Buenos Aires, Establecímientos Viti-Vinícolas Francisco Uriburu, Buenos Aires.

Nach dem Zensus von 1910 gab es 3409 Weinfabriken mit 65 374 711 $ m/n Kapital und einem Jahresumsatz von 60 448 727 $ m/n, die für 41 271 841 $ m/n Rohmaterial verarbeiteten und 45 776 Arbeitskräfte beschäftigten. 1917 dagegen wurden 4317 Betriebe mit 16 362 ständig beschäftigten Personen gezählt, in denen 65 376 511 $ m/n angelegt sind. Die Gesamterzeugung gestaltete sich in den letzten Friedensjahren wie folgt: 1911 378, 1912 421, 1913 467 Mill. l. Während des Krieges wurden gewonnen 1914 455, 1915 394 Mill. l.

Eine Rentabilitätsberechnung aus dem letzten Friedensjahr, welcher das hl. als Maßeinheit dient und in der der Preis für die Trauben mit 4.50 $ m/n je quintal eingesetzt ist, sieht wie folgt aus: 3 quintales Trauben je 4.50 = 13.50, Erntekosten und Fuhrlohn zu je 0.50=1.50, Fabrikation (Keltern usw.) 1, Provinzialsteuer 1.10, Faß, gebraucht 2.50, neu 3 50, Pflege im Keller, Fracht nach der Bahnstation 1, Kommission für den Vertreter in Buenos Aires 5 % = 1.50, Diskont bei Barzahlung 5 % = 1.50, Fracht nach Buenos Aires 2, Selbstkostenpreis in Buenos Aires 26.6 $ m/n, Verkaufspreis in Buenos Aires rund 30 $ m/n. 1912 stellte sich der Preis für die Mendozaklasse in Buenos Aires auf 23, 1913 auf 22—24 $ m/n je hl frei Waggon.

Die Absatzmöglichkeit für den Wein findet sich vorzugsweise im Inlande, das einen ständig steigenden Verbrauch, der in seinen jährlichen Schwankungen von der Witterung abhängt, aufweist. Er betrug 1895 28—31 l je Kopf, 1911 dagegen schon 59 l. Die Einfuhr gewöhnlicher Faßweine aus dem Auslande ist ständig zurückgegangen, die Ausfuhr dagegen hat sich besonders während des Krieges stark entwickelt. Sie belief sich auf folgende Mengen (in l):

	Ausfuhr	Einfuhr
1911	3 490	40 870 917
1912	12 306	40 591 700
1913	37 198	35 205 461
1914	206 513	23 914 627
1915	862 377	15 081 182
1916	5 837 325	9 199 522
1917	3 411 628	5 871 362

Daß die Entwicklung während der letzten Jahre im Zeichen der Kriegskonjunktur steht, ist selbstverständlich. Die Zahlen zeigen jedoch, welche Chancen sich dem argentinischen Weinbau und der Weinindustrie eröffnen können.

Die Herstellung von Weinsteinsäure ist bislang nur in sehr geringem Umfange betrieben worden. 1918 hat jedoch eine vorwiegend mit amerikanischem Kapital arbeitende Gesellschaft, die Cia de Subproductos Vinicos S. A., eine Fabrik für die Herstellung dieser wichtigen Chemikalie, die bislang eingeführt wurde, und für die Ölgewinnung aus Traubenkernen in Godoy Cruz bei Mendoza errichtet.

Der Anbau von Zuckerrohr und die Zuckerindustrie

Das Zuckerrohr ist die wichtigste Kulturpflanze der subtropischen Zone Argentiniens. Die dafür besonders geeigneten Gebiete und die Anbaufläche dort gehen aus der folgenden Aufstellung hervor (in ha):

	1913	1914	1915
Santa Fé	350	2 600	2 400
Corrientes	2 000	1 000	800
Santiago del Estero	50	—	—
Tucumán	91 000	90 300	106 800
Salta	750	1 100	1 300
Jujuy	9 800	10 900	10 900
Misiones	350	500	700
Formosa	100	100	500
Chaco	2 300	2 700	5 100
Insgesamt	106 700	109 200	128 500

Der Anbau hat sich erheblich verbreitet, insgesamt waren 1872 nur 2 453, 1888 21 062, 1895 schon 61 273, 1914 109 200 und 1915 128 500 ha mit Zuckerrohr bestellt.

Das älteste und wichtigste Produktionsgebiet ist die Provinz Tucumán. In Jujuy, Santa Fé und im Chaco gewinnt die Kultur an Verbreitung. In Misiones und Corrientes dagegen ist sie zurückgegangen.

Angebaut werden überwiegend das einheimische Zuckerrohr, die „caña criolla" sowie Jamaica- und Bataviarohr. Diese Arten, besonders die erstere, weisen Anzeichen der Entartung auf und sind gegen Nachtfröste, die in strengen Wintern in den meist hoch gelegenen Anbaugebieten vorkommen, und gegen Trockenheit empfindlich, geben daher unsichere Erträge. Die Kultur von Javarohr, das widerstandsfähiger ist und vom zweiten Jahre an größere Erträge als die bislang hauptsächlich gezogenen Arten abwirft, verbreitet sich immer mehr. 1917 waren in der Provinz Tucumán schon 24 000 ha damit bestellt.

Der Anbau geschieht in 100 m langen „surcos" genannten Furchen, von denen 50 auf einen ha gehen. Die Dauer des produktionsfähigen Zustandes einer Pflanzung kann mehr als 15 Jahre betragen. Die gegenwärtig erzielten Erträge je ha belaufen sich in Jahren mit ungünstiger Witterung durchschnittlich auf 16 bis 20 t Rohr, in normalen Jahren auf 22 bis 26, in guten auf

28—35, in sehr guten auf 40—50 t. Der Gehalt an Sacharose schwankt zwischen 6 und 10 %. Von einem ha können durchschnittlich 2.17 t Zucker gewonnen werden. Javarohr ergibt dagegen ungefähr 800 kg je Furche, also 40 t je ha, während der Zuckergehalt 8—10 % beträgt, so daß durchschnittlich 3.6 t Zucker erzielt werden.

Die Kosten des Anbaus von Zuckerrohr betragen ungefähr 55 $ m/n je ha. Die Ernte, die Zubereitung des Rohres und die Ablieferung an die Mühlen kostet ungefähr 115 $ m/n je ha. Zinsen und Amortisation auf den Landpreis (bei Eigentümern) oder die Pacht machen, die Steuern einbegriffen, ungefähr 30 $ m/n je ha aus, so daß sich die Gesamtunkosten auf ungefähr 200 $ m/n je ha belaufen. Bei einer Ernte von 30 t im Werte von 10 $ m/n für 1 t werden 300 $ m/n je ha erzielt. Der Gewinn beträgt also 100 $ m/n je ha.

Zur Ernte, die vom Juli bis Mitte November zu dauern pflegt, sind meist reichlich Arbeitskräfte und zwar überwiegend Indianer, dagegen der klimatischen Verhältnisse wegen nur wenig Fremde wie Griechen und Syrier vorhanden.

Entweder wird der Anbau, wie es meist seitens der großen, kapitalskräftigen Aktiengesellschaften geschieht, in Verbindung mit der Zuckerfabrikation betrieben oder als selbständiger Erwerbszweig durch die „cañeros" genannten Zuckerrohrbauern. Ähnlich wie beim Ackerbau und bei der Schafzucht kommt häufig auch hier eine Art Pachtsystem vor. Gewöhnlich schließen die Plantagenbesitzer auf die Dauer von 2—5 Jahren mit dem Bauern Kontrakte ab, wobei der Besitzer die für die Kultur nötigen Mittel zu einem bestimmten Zinssatz vorschießt mit der Verpflichtung, dem Bauern das Rohr entweder zu einem festen oder zu einem der Marktlage entsprechenden Preise abzukaufen. Meist werden in normalen Jahren 7—10 $ m/n je t des frei Zuckermühle zu liefernden Rohres gezahlt.

Die Zuckerindustrie ist sehr kräftig entwickelt. Dem darin angelegten Kapital nach, das ungefähr 165 Mill. $ m/n beträgt, nimmt sie unter den argentinischen Industrien die erste Stelle ein. Nach der Zahl der beschäftigten Arbeiter und Angestellten, die ungefähr 40 000 (davon die Hälfte ständig beschäftigt) beträgt, steht sie nach der Weinindustrie an zweiter Stelle. Die Zahl der Zuckerfabriken ist in den letzten zwanzig Jahren von 51 auf 37 (1917) zurückgegangen, das darin angelegte Kapital aber hat sich mehr als verdreifacht, und die Produktion sowie die Zahl der Arbeiter haben sich vervierfacht. Mit anderen Worten wird die Zuckerindustrie also immer mehr Gegenstand des großkapitalistischen Betriebes.

Die Zuckererzeugung des Jahres 1916, das jedoch infolge sehr ungünstiger Witterungsverhältnisse nicht als normal betrachtet werden kann, verteilt sich auf die verschiedenen Provinzen folgendermaßen:

	Zahl der Fabriken	Vermahlenes Rohr (in t)	Gewonnener Zucker (in t)	Ausbeute (in %)
Tucumán	21 (von 32)	883 950	44 430	5,0
Jujuy	3	470 450	34 750	7,3
Salta	1	21 150	1 620	7,6
Santa Fé	3	9 020	380	4,2
Corrientes	1	4 840	230	4,7
Chaco	1 (von 3)	39 040	2 420	6,1
Formosa	1	4 700	240	5,0
Insgesamt	31	1 433 150	84 070	5,86

Im ganzen wurden 1913 280 219, 1914 330 000, 1915 151 382, 1916 84 070 und 1917 88 000 t Zucker gewonnen. Die Erzeugung von 1918 wird auf 130 000 t geschätzt. Die Werke betreiben durchweg nur die Rohzuckerfabrikation. Die Raffinierung erfolgt unabhängig davon, besonders in den großen Anlagen der Refineria von Rosario.

Das Gedeihen der argentinischen Zuckerindustrie beruht auf dem hohen Einfuhrzoll für Zucker, der dem einheimischen Erzeugnis den Absatz auf dem inländischen Markt ermöglicht, dessen jährlicher Bedarf sich auf ungefähr 250 000 t beläuft. In normalen Jahren kann die einheimische Industrie dieses Quantum decken, in guten Jahren findet der Zucker auch im Auslande Absatz, der dann allerdings nur bei anormalen Verhältnissen auf dem Weltmarkt lohnend ist. In Jahren der Mißernte wie 1916 und 1917 kann nur ein Teil der einheimischen Nachfrage befriedigt werden. Dafür, daß in solchen Fällen der argentinische Zucker für die große Masse der Konsumenten nicht unerschwinglich wird, sorgen die Bestimmungen des Gesetzes Nr. 8877 vom 15. Febr. 1912, das den Zollsatz für raffinierten Zucker von 96° Polarisation auf 0,088 $ o/s je kg und für nicht raffinierten oder solchen von weniger als 96° Polarisation einschließlich Sack auf 0,068 $ o/s je kg festsetzt und bestimmt, daß die Regierung den Zollschutz erniedrigen kann, wenn der Großhandelspreis für Zucker in Säcken der argentinischen Raffinerien in Buenos Aires 4,10 $ m/n für 10 kg beträgt. Außerdem soll sich der Schutzzoll bis 1921 auf 0,07 $ o/s bezw. 0,05 $ o/s allmählich ermäßigen. Von 1921 ab ist jedoch die erleichterte Einfuhr nicht mehr vorgesehen. Wenn auch die argentinische Zuckerindustrie durch die hohen Schutzzölle außerordentlich begünstigt ist, so ist dem Gewinn doch auch eine gesetzliche Grenze gesteckt.

Neben Zucker wird noch Alkohol, Zuckerschnaps, aus dem Zuckerrohr gewonnen. Die Erzeugung beläuft sich bei guten Ernten auf 120 000 hl.

Der Wunsch der Mehrzahl argentinischer Volkswirte, die sozialistisch gesinnten ausgenommen, zielt darauf ab, die Zuckerindustrie derart auszubauen, daß das Land völlig von ausländischer

Einfuhr unabhängig wird. Um dieses Ziel zu erreichen, wären statt der heute vorhandenen 130 000 ha dafür ca. 250 000 ha notwendig. Als ausbeutefähig kommen noch weite Gebiete, namentlich die Gegend von Salta nordostwärts bis Embarcación und bis zur bolivianischen Grenze in Frage. Es sind dort schon große Flächen bepflanzt, viel geeigneter Boden ist jedoch noch unberührt.

Für Plantagenbetriebe mit Zuckermühlen sind bedeutende Kapitalien notwendig. Für die Anlage von Pflanzungen für eigene oder fremde Rechnung richten sich die notwendigen Mittel ganz nach der Gegend, den Land- und Pachtpreisen.

Mit Zuckerrüben wurden in den letzten Jahren erfolgreiche Versuche angestellt. In der Gegend von Mar del Plata sind günstige Ergebnisse erzielt worden. Die dort gebauten Rüben sollen einen hohen Zuckergehalt aufweisen. Das argentinische Landwirtschaftsministerium läßt durch die Provinzialbehörden die sich besonders für den Rübenbau eignenden Bodenflächen untersuchen und Besitzer oder Pächter zum Rübenbau auffordern, um die Einfuhr von Zucker für die Zukunft womöglich zu vermeiden und die Ausfuhr zu steigern. 1918 hieß es, daß eine Gruppe von Kapitalisten in der Provinz Buenos Aires Terrain für den Zuckerrübenbau angekauft habe und an den Bau einer großen Zuckerfabrik gegangen sei.

Der Tabakbau und die Tabakindustrie

Der Kultur der Tabakpflanze bieten sich günstige klimatische und Bodenverhältnisse besonders in den Provinzen und Territorien Tucumán, Salta, Córdoba, Corrientes und Misiones. Vor 25 Jahren schien sich der Tabakbau auch kräftig entwickeln zu wollen, in den letzten Jahren jedoch war ein Rückgang der Anbaufläche in den meisten Anbaugebieten zu verzeichnen, wie folgende Aufstellung zeigt (in ha):

Provinzen u. Territorien	1872	1895	1914
Buenos Aires	?	112	50
Santa Fé	76	184	10
Córdoba	240	1 222	—
Entre Rios	?	130	—
Corrientes	1 545	6 598	11 650
San Luis	—	1	—
Santiago del Estero	—	—	—
Tucumán	1 560	2 749	900
Uebertrag	3 421	10 996	12 610

Provinzen u. Territorien	1872	1895	1914
Uebertrag	3 421	10 996	12 610
Mendoza	—	1	—
San Juan	—	3	—
Rioja	?	1	—
Catamarca	—	518	400
Salta	40	922	1 550
Jujuy	—	520	150
Misiones	—	2 310	500
Formosa	—	102	—
Chaco	—	422	150
Insgesamt	3 461	15 795	15 360

Über die Produktion liegen nur Angaben aus neuerer Zeit vor. Sie schwankte 1900—1910 zwischen 3 und 9 Mill. kg und stellte sich während der letzten Friedensjahre und der ersten Kriegsjahre auf ungefähr 5 Mill. kg jährlich. Als die Ursachen des geringen Wachsens der Kulturfläche und der Produktion werden bezeichnet die mangelhaften Anbaumethoden, die ungünstige Auswahl der Saaten, die mangelhafte Pflege, der Umstand, daß der Anbau von kleinen Pflanzern ohne genügende Erfahrung und ohne genügendes Kapital betrieben wird und der Mangel an Arbeitskräften, die, wenn sie außerhalb der Familie des Kolonisten beschafft werden müssen, zu teuer einstehen. Ferner scheint der Verbreitung der Kultur auch die bestehende fiskalische Belastung entgegenzustehen. Die Bemühungen des Ackerbaudepartements, die bestehenden Mängel, besonders technischer Art, zu beheben, scheinen in letzter Zeit jedoch nicht ohne die gewünschte Wirkung geblieben zu sein.

Die Jahreszeit für den Anbau wechselt in den verschiedenen Gegenden. In Salta z. B. ist die günstigste Zeit für die Anlage von Stecklingsbeeten der November; sie erfolgt am besten auf sandig-tonigem Boden, der gesäubert, keimfrei gemacht und vorsichtig — nicht durch Überschwemmung, wie es bislang vielfach der Fall war — bewässert werden muß. Nur dann können die Stecklinge gut gedeihen und Verluste bei der Umpflanzung vermieden werden. Bewährt haben sich besonders paraguayische, chilenische, türkische und nordamerikanische Arten. Bei einem nur einigermaßen sorgfältigen Anbau ergibt in Misiones ein Hektar etwa 1200 kg Blätter. In Tucumán erzielte man noch 1912 nur 766 kg oder 8 kg je 100 Pflanzen, in Salta 835 kg oder 4 kg für 100 Pflanzen; in Jujuy 745 kg oder 7 kg. je 100 Pflanzen. Die dabei erzielten Qualitäten scheinen nicht ausgezeichnet zu sein, im allgemeinen ist der argentinische Tabak von geringer Güte. Nur der Misionestabak wird wegen seines Aromas und der Schmiegsamkeit seiner Blätter gerühmt, ist jedoch, ähnlich wie der Paraguaytabak, sehr nikotinhaltig. Die Preise, die das argentinische

Erzeugnis, das in arrobas zu $11^1/_2$ kg als „tabaco en hoja" gehandelt wird, erzielt, sind sehr verschieden; jedenfalls sind sie erheblich niedriger als die des importierten Tabaks. Sie richten sich natürlich auch nach der Qualität. So erzielte nach alter Methode gezogener Tabak in Tucumán und Salta 3 $, der in verbessertem Verfahren gezogene dagegen 3,50—4,50 $ m/n je 10 kg. Für importierten Tabak stellten sich die Großhandelspreise cif Buenos Aires 1913 auf 3,96, 1915 3,48 und 1917 auf 5,99 $ o/s je 10 kg.

Leider ist der Kolonist, der sich mit dem Anbau von Tabak befaßt, meist gezwungen, seine Ernte vorzeitig an den Aufkäufer loszuschlagen, um sich die für seinen Unterhalt nötigen Mittel zu verschaffen. Gewöhnlich erhält er die Restsumme nach der Ernte nur zur Hälfte in bar, die andere Hälfte in Waren zu exorbitanten Preisen. Dadurch geraten die Anbauer in die Hände der Aufkäufer, was ja nur in deren Interesse liegt, da sie dann die Preise diktieren können. Auch die hohen Frachten sowohl auf dem Eisenbahn- wie auf dem Wasserwege beschränken die Produktion. In dem Zusammenschluß der Kolonisten zu Genossenschaften liegt jedoch eine Möglichkeit, sich von diesen Übelständen zu befreien. Durch gemeinsamen Einkauf der für den Anbau nötigen Maschinen und Werkzeuge, den Austausch der Aussaat, eventuell durch gemeinsamen Anbau und gemeinsamen Verkauf ihrer Produkte, können sich die Kolonisten von dem herrschenden System der Aussaugung befreien. In Tucumán bestehen schon derartige Genossenschaften. Von der Regierung verlangen die Anbauer den Ausbau des Verkehrsnetzes und Verbilligung der Frachten. 1914 trat ein Rückgang der Preise ein, der z. B. in Misiones viele Kolonisten veranlaßte, ihre Ernte im Stich zu lassen. Während des Krieges dürften sich die Preise jedoch wieder gehoben haben.

Eine Rentabilitätsrechnung für die heutigen Verhältnisse läßt sich schwer geben. Eine amtliche Berechnung aus der Zeit vor dem Kriege, die mit einem sehr hohen Blätterertrag rechnet, macht folgende Angaben, die sich auf 1 ha bei Bearbeitung mit Geräten und Tieren des Kolonisten beziehen:

Bearbeitung des Bodens: zweimalige Feldbestellung, 6 Tagewerke	9,0	$ m/n
1 mal Eggen, 1 Tagewerk	1,5	„
Aussaat, Bereitung des Samens, 15 Tagewerke	22,5	„
Umpflanzung, 5 Tagewerke	7,5	„
Pflege (Häufeln, Entblättern) mit Hilfe einer fremden Arbeitskraft für 3 Monate	135,0	„
Ernte und Transport, 30 Tagewerke	45,0	„
Gesamtproduktionskosten	220,5	„
Ertrag: 2000 kg Blätter zu 3 $ m/n je 10 kg	600,0	„
Reinertrag	379,5	$ m/n

Das Ackerbaudepartement, die Abteilung für Tabakbau der Direktion für Landwirtschaft und die Defensa agricola widmen dem Anbau ihre besondere Aufmerksamkeit.

Durch Bezirksagronome übt die Regierung eine aufklärende Tätigkeit aus, verteilt Broschüren und gewährt umsonst die Saat.

In den Provinzen Tucumán und Salta sind drei Trocknungs- und Fermentierungsstationen (davon eine in Chicoana, eine weitere in La Cocha) eingerichtet worden, wo die Trocknung der Ernte unter Aufsicht von Beamten vorgenommen und diese dann zwecks Verkaufes an die Eigentümer zurückgegeben wird. Es ist verständlich, daß derartige Maßnahmen eine wesentliche Verbesserung der Qualität des Produktes zur Folge gehabt haben. Sobald der Anbau genügend entwickelt ist, sollen die Trocknungsanlagen (sog. „secaderos") der Regierung zum Selbstkostenpreis an private Genossenschaften übergehen und die dadurch erzielten Mittel zur Anlage weiterer Stationen in anderen Distrikten benutzt werden.

Auf den staatlichen Kulturfeldern werden auch Tabakstecklinge aus ausgesuchten Samen gezogen. In Salta wurden 1913 bis zum 15. Januar 220 000 Pflanzen an 35 Züchter unentgeltlich verteilt, an 80 Züchter sollten noch 800 000 Pflanzen ausgegeben werden. Dort werden auch neue Methoden, die das Gewicht des Produktes erhöhen und die Farbe verbessern, zum Vorteil der Produzenten eingeführt.

Die Absatzmöglichkeiten sind sehr günstig, da Argentinien einen starken Bedarf an Tabak aufweist und, wie in allen Zweigen des Wirtschaftslebens, auch hier die Tendenz besteht, sich vom Auslande unabhängig zu machen. Der lokale Bedarf besonders im Norden ist sehr groß, zumal vielfach dort auch Frauen und Kinder rauchen. Zum großen Teil fertigt sich die Bevölkerung jener Gegenden ihren Hausbedarf selber an. Der bedeutendste Abnehmer ist jedoch die Tabakindustrie, die besonders Zigaretten herstellt. 1912 wurden nach dem Jahresbericht der argentinischen Verwaltung für die inneren Steuern für 512,12 Mill. $ m/n verarbeiteter Tabak in Argentinien verkauft, woraus 28,5 Mill. $ m/n Abgaben erzielt wurden. Die Zigarren- und Zigarettenfabrikation wurde 1914 von 1446 Betrieben ausgeübt. Hergestellt wurden 382 286 496 Pakete Zigaretten, 288 345 522 Zigarren, 4 548 401 kg Tabak in Paketen im Gesamtwert von 88 528 796 $ m/n. Von dem verarbeiteten Rohtabak stammten nur 25 % aus dem Lande selbst. Der Rest wurde importiert. Besonders zu erwähnen ist noch die Verarbeitung des Tabaks zu Krätzemitteln. Diese sogenannten „antisárnicos" gegen die Schafkrätze bestehen vielfach aus Tabakextrakten mit geheimgehaltenen Zutaten. Verschiedene Fabriken im Lande stellen diese Mittel her, der größte Teil wird jedoch importiert.

Eingeführt wurden an Tabak (in $ o/s):

1911	5 891 805
1912	7 594 968
1913	7 038 055
1914	5 908 466
1915	6 145 212

besonders bearbeiteter Habanatabak und Habanatabakblätter, also mehr, als im Lande selber gewonnen wurde.

In Tucumán beschäftigten sich 1910 4 und in Salta 2 Fabriken mit der Verarbeitung des einheimischen Produktes in erster Linie zu Zigaretten. In den größeren Anlagen, von denen die bedeutendste in Tucumán 120 Arbeiter beschäftigt, sind leistungsfähige Zigarettenmaschinen in Tätigkeit. Die größten Fabriken finden sich in Buenos Aires und Rosario, die ebenfalls besonders Zigaretten herstellen. Die Zigarettenindustrie hat eine außerordentliche Entwicklung genommen. Die bedeutendste Fabrik ist die von der S. A. Piccardo & Cia Ltda., die die bekannte Marke „43" herstellt.

Die Ausfuhr von Tabak und Tabakerzeugnissen hat sich erst in den letzten Jahren, besonders während des Krieges, entwickelt. 1917 kamen 5000 Ballen Correntino-, 8000 Ballen Misionero- und 8000 Ballen Salteño-Tabak zur Ausfuhr, die hauptsächlich nach Frankreich gingen. Dieser Ausfuhr kommt der Umstand zustatten daß sich die argentinischen Pflanzer an bessere Sortierung gewöhnen.

Ob der Tabakbau in Argentinien eine große Zukunft hat und ob er vom privatwirtschaftlichen Standpunkte aus rentabel ist, läßt sich noch nicht beurteilen. Jedenfalls gehört vor allem Sachkenntnis dazu. Am besten scheinen die Möglichkeiten in Salta, Misiones und in Chaco zu liegen. In Misiones sind übrigens die Tabakbauern in der Mehrzahl deutsche Kolonisten. 1913 wurde die Zahl der in der Republik in der Tabakkultur beschäftigten Personen auf 10 000 geschätzt.

Der Baumwollbau

Argentinien bietet dem Baumwollbau in seinen nördlichen Teilen, wo die Baumwollstaude auch wild vorkommt, günstige natürliche Vorbedingungen. Schon die Jesuiten bauten die Pflanze in Misiones und in Corrientes an. Später jedoch schlief die Kultur wieder ein. Martin de Moussy, der sich mit der Frage eingehend beschäftigte, glaubte schon vor ungefähr 75 Jahren voraussagen zu können, daß die Provinz Corrientes und die Territorien Chaco, Formosa und Misiones eines Tages die wichtigsten Baumwollproduktionsgebiete der Welt werden würden und die Studien eines Fachmannes, den die argentinische Landwirtschaftsgesellschaft bestellte, zeitigten später das Ergebnis, daß das dem Klima und dem Boden nach für den Baumwollbau geeignete Areal in Argentinien größer als dasjenige der berühmten Baumwollstaaten der nordamerikanischen Union sei. Seitdem bemüht sich die argentinische Regierung durch das Ackerbaudepartement den Anbau von Baumwolle zu fördern. In Colonia Benitez (Chacoterritorium) befindet sich seit 1909 unter der Leitung eines deutschen Landwirtes und Agrikulturchemikers, Dr. Anton Schulz, eine staatliche Versuchsstation, die den Anbauern ihre praktische Hilfe leiht. Zur weiteren Förderung der Kultur wurde beabsichtigt, außer der Versuchsanstalt in Colonia Benitez kleinere Zweigstellen in Corrientes, Formosa und Misiones einzurichten, weiter praktische Belehrung zu geben und Saat umsonst auszuteilen.

Die Entwicklung des Baumwollbaues zeigt die folgende Aufstellung (in ha):

Provinzen und Territorien	1895	1914
Buenos Aires	1	—
Santa Fé	1	5
Córdoba	8	—
Entre Rios	82	—
Corrientes	51	760
Santiago del Estero	59	—
Tucumán	24	—
Rioja	98	—
Catamarca	17	10
Salta	23	5
Jujuy	10	70
Misiones	90	—
Formosa	310	—
Chaco	100	2450
Pampa Central	5	—
Insgesamt	879	3300

Danach hat sich also der Anbau auf das Chacoterritorium und die Provinz Corrientes konzentriert. 1915 wurde die Anbaufläche mit 3200 ha im Chaco allein, 1917 die Gesamtanbaufläche mit 6000, 1918 mit 10 000 ha ausgewiesen. Es läßt sich heute noch nicht beurteilen, ob diese starke Steigerung nur vorübergehend sein wird.

Über die Produktion sind nur wenige Angaben erhältlich. Sie soll betragen haben: 1911/12 im Chaco 3500 t, in Corrientes 700 t, 1915 rechnete man im Chaco mit 4500—5000 t, 1918 mit 3300 bis 3500 t im Chaco und 800 t in Corrientes.

Das Klima ist im Chaco für den Anbau günstig. Die sommerlichen Temperaturen reichen für eine gedeihliche Entwicklung völlig aus. Manchmal treten Fröste im Erntemonat Mai auf, die schädlich wirken. Ihnen kann jedoch durch geeignete Wahl der Pflanzzeit entgegengewirkt werden. Im allgemeinen kann der Norden Argentiniens mit 8 frostfreien Monaten rechnen. Die Bedingungen sind in dieser Hinsicht dort also günstiger als in vielen anderen Baumwolländern. Die Regenmengen, die jährlich ca. 1500 mm betragen, sind für den Baumwollbau durchaus genügend. Was die Zusammensetzung der Böden anbetrifft, so wechselt sie bei der großen Ausdehnung der in Frage kommenden Gebiete in den verschiedenen Gegenden natürlich stark. Am besten haben sich die humösen Sandböden, die besonders im Chaco häufig sind, sich jedoch auch vielfach in Misiones und Corrientes finden, bewährt. Am geeignetsten ist im Chacoterritorium der Distrikt von Barranquéras. Die Kolonisten von Resistencia, Palmar, Benitez, Margarita Belen, Popular, Pastoril, Zapallar und General Vedía haben mehr oder weniger erfolgreich den Baumwollbau betrieben. Ein bekannter Baumwollbaufachmann der Vereinigten Staaten, Joseph E. Wing, der Argentinien im Auftrage seiner Regierung besuchte, äußerte sich folgendermaßen: „Ich habe selten so starke und ertragsfähige Baumwollpflanzungen gesehen wie die im argentinischen Chaco. Der reiche, schwarze Boden ähnelt sehr dem des Mississipi-Tales in Louisiana, ist jedoch leichter zu beackern. Die Baumwollpflanze im Chaco scheint ungewöhnlich starke Frucht anzusetzen und hält mit den besten der Union den Vergleich aus". In der Provinz Catamarca ist der Anbau weniger als im Chaco entwickelt, sie liefert gegenwärtig jedoch die schönsten Qualitäten in Feinheit, Länge und Widerstandskraft der Fasern. Dort aber tritt die Höhe der Bahnfracht der Entwicklung hindernd entgegen. Catamarca ist insofern besonders bevorzugt, als die Ernte dort nicht wie im Chaco in die Regenzeit fällt.

Außer den genannten Gebieten werden die Aussichten im Paranádelta günstig beurteilt. Der Amerikaner Atkinson, einer der besten Baumwollkenner, veröffentlichte schon 1903 in „The Manufacturer's Record" einen in dem 1910 erschienenen amerikanischen Werk „Cotton" wiedergegebenen sehr optimistischen Artikel, in dem es heißt: „Nur eine Lage gibt es auf dem Erdball, die mit dem Süden der Vereinigten Staaten konkurrieren kann, das sind die Pampas der Paraná- und Paraguayflüsse, die hoch genug liegen, um nicht tropisch zu sein und einen Boden aufweisen, der von wunderbarer Fruchtbarkeit ist und unbegrenzte Ernten an Baumwolle hervorbringen kann". Schon vor vielen Jahren schlug Mr. Hutchinson, englischer Konsul in Rosario, den Baumwollanbau im Paraná- und Uruguay-Delta, auf den Paranáinseln vor, da das Klima dort dem der nordamerikanischen Baumwolldistrikte Georgia, Mississipi und Arkansas sehr ähnele. Die

Lage der Inseln erleichtere — so meinte er — die Lösung des Transportproblems, und die Nähe der Großstadt erlaube eine günstige Lösung der Arbeiterfrage. Das Areal der Inseln beträgt 4000—4500 engl. Quadratmeilen, was mehr als genügt, um die gesamte vom Manchester-Markt gebrauchte Baumwolle zu erzeugen. Dort könnte das Problem, Stellen zu finden, wo die Sea Island-Sorte gedeiht, gelöst werden.

Die Baumwollkultur in den oben erwähnten besonders geeigneten Gebieten, vorzüglich im Chaco, gestaltet sich folgendermaßen: Außer der einheimischen Chacobaumwolle werden noch folgende meist aus Nordamerika eingeführte Sorten gepflanzt: Russel, Culpeper, Peterkin, Texas, Florida, Bates, Sea Island, Dixon, Manitá und Simkind, letztere jedoch in geringeren Mengen. Die Chacovarietät wurde vor 50 Jahren aus Nordamerika eingeführt und hat sich vollständig akklimatisiert. Sie hat einen weißen, 23—29 mm messenden, elastischen, nicht sehr feinen, aber für die gewöhnlichen Zwecke sehr gut geeigneten Stapel. Auch die anderen Sorten stammen aus den Vereinigten Staaten; Texaswood liefert auf sandigem Boden gute Ergebnisse und ist besonders gegen Trockenheit widerstandsfähig. In letzter Zeit hat besonders die Manitá-Baumwolle gute Resultate ergeben. Sie wird von der Liverpooler Baumwollbörse von Jahr zu Jahr günstiger beurteilt.

Die Pflanzzeit ist September bis November, meist wird im Oktober ausgesät. Als Schädlinge sind zu nennen: Ameisen, besonders in Misiones, Heuschrecken und eine „oruga" genannte Raupe. Von dem so gefürchteten Baumwollsamenkapselwurm, der in den Baumwollpflanzungen am Mississipi 1911 so arge Verwüstungen anrichtete, ist Argentinien bislang verschont geblieben. Die Raupen werden erfolgreich abgehalten durch Bestreuen der Pflanzen mit Pariser (Schweinfurter) Grün während des Tauens. Den Heuschrecken kann man durch späte Aussaat begegnen. Es ist bislang nicht immer genügend darauf geachtet worden, daß sich nicht verschiedene Arten kreuzen. Es wird daher empfohlen, Kulturen mit verschiedenen Sorten genügend voneinander entfernt zu halten. Dieser Fehler sowie die mangelnde Einheit in Länge und Güte der Fasern bilden die wichtigsten Mängel, die der Baumwollbau in Argentinien bisher gezeigt hat. Die Versuchsstation in Colonia Benitez ist jedoch bemüht, durch ausgesuchte Sämereien die Qualität der Fasern zu verbessern. Zuletzt ist es gelungen, dort eine Faser von derartiger Weiße, Geschmeidigkeit, Widerstandskraft und Gleichförmigkeit zu erzielen, daß sie mit den besten Sorten der Welt konkurrieren kann.

In den nördlichen Territorien fällt die Ernte in die Monate Februar/Mai, und wenn der Winter milde ist, bis in die folgenden Monate, also in die Regenzeit oder von Ende April bis zum Eintritt der Nachtfröste im Juni/Juli. Das Problem der Beschaffung von Arbeitskräften für die Ernte bietet noch einige Schwierigkeiten. Die Urteile über die Möglichkeit, Eingeborene (Indianer), von denen es etwa 40 000 im Chacogebiet sowie eine größere Anzahl in Formosa gibt, zur Pflückarbeit zu verwenden, fallen sehr verschieden aus. Nach dem einen Urteil eignen sie sich wegen ihrer Unzuverlässigkeit nur wenig dazu. Andere wieder glauben, ihre Arbeitsleistung hänge nur von der Art der Behandlung ab. Wieder andere heben hervor, sie müßten das ganze Jahr über Arbeit haben und nicht nur während der Ernte verwandt werden. In der toten Saison seien sie zu anderen Arbeiten heranzuziehen. Es sei hier daran erinnert, daß die Indianer in den Zuckerplantagen und Fabriken von Tucumán erfolgreich beschäftigt werden sowie an den Umstand, daß in den berühmten Niederlassungen der Jesuiten in Misiones Indianer zu fleißigen und durchaus brauchbaren Arbeitern erzogen worden sind. Die aus der Provinz Corrientes stammenden Saisonarbeiter fordern zu hohe Löhne. Das gleiche dürfte für die Bauern aus Paraguay zutreffen. Daher ist die argentinische Regierung bemüht, die Einwanderung ganzer Familien mit möglichst großer Kopfzahl zu fördern, um so die Bildung von Kleinkulturen, die nicht auf fremde Arbeitskräfte angewiesen sind, zu ermöglichen. Besser liegen die Arbeiterverhältnisse in Santa Fé, wo sich in jüngster Zeit für die Baumwollkultur ein starkes Interesse geltend macht. Zum Teil wenigstens ist die Arbeiterfrage durch die Anwendung geeigneter Bodenbearbeitungsmaschinen gelöst worden, die von Dr. Schulz erprobt und teilweise selbst konstruiert wurden. Für eine Ernte von 130 000 Ballen, die Argentinien ja noch nicht entfernt aufweist, — so glauben Fachleute — würden die 40 000 Indianer (die in den Zuckerfabriken nur von Juli bis Oktober arbeiten) bei der geringen Pflückleistung von 15 kg Baumwolle täglich in 60 Tagen die Ernte bewältigen können. Der Ertrag an Fasern und Samen schwankt zwischen 1000 und 3000 kg je ha. Durchschnittlich werden im Chaco 1500 kg, bei sorgfältiger Kultur 2000 kg erzielt.

Die Transportverhältnisse sind im Chacoterritorium nicht ungünstig. Die Pflanzungen liegen dort längs der zum Teil vollendeten Staatsbahn Barranquéras-Metán. Gute Beförderungsmöglichkeiten bieten auch der Paraná und seine Nebenflüsse. Als Abnehmer für Fasern und Samen kommen im Inlande die argentinischen Textil- und Ölindustrien in Betracht. Immerhin ist die Aufnahmefähigkeit des inneren Marktes vorläufig noch beschränkt.

Der Export von Baumwolle ist bei der verhältnismäßig geringen Erzeugung nur wenig bedeutend, immerhin schon seit längerer Zeit in die Wege geleitet.

Es wurden ausgeführt (in \$ o/s):

1912	89 279	1915	6 222
1913	55 930	1916	18 506
1914	67 899	1917	51 935

Die Ausfuhr richtet sich vorzugsweise nach Spanien. Die Beurteilung, die die argentinische Baumwolle in Liverpool, London, Washington und New-York erfahren hat, ist sehr günstig ausgefallen. In Holland fanden die in den letzten Jahren durch den Generaldirektor für Ackerbauunterricht an Kaufleute, Handelsvereinigungen und Textilfabrikanten übermittelten Muster folgende Beurteilung: Nach der Meinung der Baumwollmakler von Rotterdam zeigten die argentinischen Proben nicht sehr geschmeidige und kurzfaserige Baumwolle, die nicht mit der amerikanischen konkurrieren kann. Farbe und Reinheit dagegen sind ausgezeichnet. Für die holländische Industrie ist die Baumwolle geeignet. Nach dem Urteil einer Anzahl von Textilfabrikanten werden voraussichtlich die Versuche, argentinische Baumwolle in Holland zu verkaufen, erfolgreich sein.

Zahlreiche Versuche in spanischen, besonders katalanischen Fabriken haben gute Ergebnisse gezeitigt und bewiesen, daß die argentinische Baumwolle vorteilhaft mit dem amerikanischen Typ „Fully good middling" zu konkurrieren vermag. Sämtliche Muster, die Dr. Schulz, der Leiter der Versuchsstation, auch in Deutschland vorlegte, wurden günstig beurteilt. Von verschiedenen Spinnern wurde ihm versichert, daß bei geeigneter Klassifikation für argentinische Baumwolle bis zu 30 % mehr als für mittlere amerikanische erzielt werden könnte.

Ein Vorteil, den die argentinische Baumwolle gegenüber der amerikanischen, ägyptischen, indischen, turkestanischen auf dem Weltmarkt hat, ist der Umstand, daß die argentinische Baumwollernte im Mai beendigt wird, während die der wichtigsten Baumwollieferanten im August beginnt. Das argentinische Produkt kommt also auf den Markt in dem Augenblick, wo es am besten im Preise steht und den geringsten Schwankungen unterliegt; denn der Hauptstock ist dann bereits verbraucht, und die Ernte in Nordamerika steht noch bevor.

Die Kosten und der Ertrag einer Baumwollkultur wechseln natürlich je nach der Lage der Plantagen, den Arbeiterverhältnissen und anderen Faktoren, wie Güte der erzielten Baumwolle und Marktpreis, erheblich. Vor dem Kriege wurde folgende halbamtliche Berechnung aufgestellt (in $ m/n je ha):

Ausgaben:	
für das Pflügen	13,9
„ die Saat	7,97
„ die Arbeit	13,9
„ die Ernte von 1462 kg	46
„ das Entkernen	23
„ die Pacht und allgem. Ausgaben	13,9
	118,67

Einnahmen:

aus 450 kg entkernter Baumwolle...	176,45
aus der Saat	30,05
	206,50
Gewinn:	87,83

In dem Falle, daß größere Flächen bearbeitet werden, oder wenn Mitglieder der Familie des Kolonisten selbst die Ernte besorgen, anstatt daß Arbeiter dafür gemietet werden, erhöht sich der Gewinn. Eine andere Schätzung von argentinischer Seite errechnet einen Gewinn von 92 $ m/n je ha.

Die Ausbeute und der Anbau von Faserpflanzen

Im Norden Argentiniens, besonders im Chacoterritorium und in der Provinz Corrientes, kommen große Bestände wild wachsender Faserpflanzen vor, von denen sich eine ganze Anzahl zur praktischen Verwertung eignet. Es sind darunter besonders zu nennen: caraguatá, ibirá, Bromelia rigida, spinosa, caranday, imvira, boy piré (pita-aloe), Agave, Phormium tenax ferner verschiedene Palmenarten. In den letzten Jahren hat sich die Zahl der Interessenten für die Ausbeute dieser Bestände gemehrt. Schon 1910 erwarb ein argentinisches Unternehmen von der Provinzialregierung von Corrientes eine Konzession zur Ausbeute dort wild vorkommender Textilpflanzen für die Dauer von 25 Jahren, richtete eine Entfaserungsanlage mit Bürstenmaschinen zur Reinigung des Materials ein und erzielte günstige Ergebnisse. Während des Krieges, der die Schwierigkeit der Beschaffung von Textilrohmaterial erhöhte, haben sich besonders skandinavische Unternehmer der Ausbeute in Argentinien vorkommender Faserpflanzen zugewandt.

1917 planten dänische Kapitalisten die Ausbeute der Caraguatá- und Caranday-Pflanze im Chacoterritorium bei gleichzeitiger Verarbeitung von Leinstroh. Das Unternehmen sollte mit mindestens 100 000 $ m/n arbeiten und verlangte eine Pachtkonzession für 20 000 ha fiskalischen Landes im Chacoterritorium, ungefähr 50 englische Meilen von der Mündung des Bermejoflusses entfernt auf die Dauer von 5 Jahren mit der Option, die Hälfte der Fläche käuflich zu erwerben gegen die Stellung einer Garantiesumme von 20 000 $ m/n, die nach Investierung eines gleich hohen Betrages zurückgezahlt werden sollte. Die restlichen 80 000 $ m/n sollten vor Ablauf der Pachtzeit angelegt sein. Innerhalb von 2 Jahren nach Bewilligung der Konzession sollte die Anlage fertiggestellt sein.

Eine andere Gesellschaft, ebenfalls für die Ausnutzung der wildwachsenden Faserpflanzen, darunter auch der imvira, wurde Ende des gleichen Jahres mit 500 000 $ m/n gebildet und erhielt die Konzession auf 20 000 ha Land am Bermejoflusse im Chacoterritorium. Die geplante Jahresausbeute sollte 10 000 t Fasern betragen, wobei die Produktion jeder der aufzustellenden nordamerikanischen Maschinen mit 4800 kg täglich angesetzt ist.

1917 plante ferner ein einheimisches Syndikat die Verarbeitung von Palmenfasern und Flachs in Pueblo Bugro (Entre Rios).

Zu der Ausbeute der wildwachsenden Bestände hat sich der systematische Anbau gesellt. Auf den Inseln des Paraná-Deltas werden seit einigen Jahren Versuche mit Anpflanzung von neuseeländischem Flachs zwecks Gewinnung von für die Herstellung von Säcken bestimmtem Material angestellt. Die Versuche haben bis jetzt gute Ergebnisse gezeitigt und der Hoffnung Raum gegeben, daß sich diese Kultur einführen wird. Auch Versuche mit caraguatá und ähnlichen eingeborenen Faserstoffpflanzen für den gleichen Zweck sind befriedigend ausgefallen.

Auch der Anbau der pita aloe Agave, die ebenfalls in wildem Zustande unter der Bezeichnung boy-piré vorkommt, jedoch nur eine Ausbeute von 8—10 % Fasern ergibt, ist verschiedentlich, unter anderem auch von den genannten Unternehmern, geplant worden. Ein Urteil über die Rentabilität der Ausnutzung und des Anbaues von Textilpflanzen läßt sich heute noch nicht fällen.

Gefördert werden die Bestrebungen durch den starken Verbrauch des Landes an Textilmaterial, das zur Herstellung von Säcken, Bindegarn für Mähmaschinen, Getreideplänen, Schiffs- und anderen Tauen sowie zur Fabrikation von Hanfschuhen, die nach dem letzten Zensus in 170 Betrieben mit 3,1 Mill. $ m/n hergestellt wurden, dient.

Der Museo agricola der rührigen Sociedad rural argentina, dem die argentinische Landwirtschaft und Viehzucht schon so manche wertvolle Anregung und nutzbringende Förderung verdankt, hat für die einheimischen Faserpflanzen eine besondere Textilabteilung eingerichtet.

Verschiedene Kulturen

Angesichts der Mannigfaltigkeit der klimatischen Verhältnisse und der Bodenzusammensetzung ist es verständlich, daß in Argentinien außer den schon behandelten Kulturen noch eine große Reihe anderer erfolgreich betrieben werden kann. Die wichtigsten darunter sind Reis, yerba maté, Hopfen, Springkraut, Rizinus, Mandioca, ferner Kaffee und Kakao. Über die Reis und Yerba Matékulturen seien hier noch einige Angaben gemacht.

Yerba maté ist eine Ilex-Art, die in Brasilien, Paraguay und im Nordosten Argentiniens in großen Beständen wild vorkommt, und deren getrocknete Blätter den Stoff für einen dem Tee ähnlichen Aufguß von hervorragenden tonischen Eigenschaften liefern. Die Nachfrage nach yerba maté ist in Argentinien sehr stark. Der jährliche Verbrauch wird auf über 60 000 t geschätzt. Die Einfuhr beträgt durchschnittlich 54 000 t im Werte von 5,7 Mill. $ o/s. Der Großhandelspreis cif Buenos Aires stellte sich 1913 auf 185, 1915 auf 187 und 1917 auf 188 $ o/s je t. Der weitaus größte Teil davon stammt aus Brasilien und Paraguay, ein kleiner Teil, ca. 8000 t, aus den Waldungen Nordost-Argentiniens, wo er von dem wildwachsenden Baume gewonnen wird.

Der Raubbau, der die Bestände lichtete, hat schon früh zu Anbauversuchen geführt.

Die Kultur der yerba maté kann erfolgreich in dem Territorium Misiones, im Chaco- und Formosa-Territorium und in der Provinz Corrientes betrieben werden und bietet bei der bedeutenden Absatzmöglichkeit und angesichts der Einfuhrzölle für das ausländische Erzeugnis gute Aussichten.

Was die Methode der Anpflanzung anbetrifft, so müssen die Samen einer besonderen Behandlung unterworfen und in reich lich gedüngte Saatbeete gesät werden, die junge Pflanze bedarf dann guter Pflege und muß verpflanzt werden. Durchweg erst im zehnten Jahre können die Blätter zur Ernte abgeschnitten werden. Die Lebensdauer ist groß. Von Schädlingen ist die yerba maté so gut wie verschont.

Nach Schuster darf in Misiones schon bei einem fünfjährigen Baum jedes zweite Jahr eine Ernte von 10 kg erwartet werden. Für den Unterhalt einer Plantage von 700 000 Bäumen werden jährlich 150 000 $ m/n berechnet. Die 700 000 Bäume liefern im Beginn ihres fünften Lebensjahres im Jahre ca. 350 000 arrobas zu 2,50 $ m/n. Bei einem Bruttoertrag von 875 000 $ m/n und 150 000 $ m/n Unkosten würde ein Reinertrag von 725 000 $ m/n bleiben.

Der Anbau von Reis steckt noch in den ersten Anfängen, hat sich jedoch in den Kriegsjahren günstig entwickelt. Es kommen für diese Kultur besonders in Frage die Provinzen Tucumán, Jujuy, Salta und Corrientes sowie die Territorien Misiones, Chaco und Formosa. Die gesamte Anbaufläche betrug (in ha):

1912/13	5 300	1914/15	7 000
1913/14	3 250	1916/17	6 500

Die Produktion belief sich 1915/16 infolge ungünstiger Witterungsverhältnisse auf nur 7 500 t. In normalen Jahren wird mit einem Ertrag von 3 t je ha gerechnet. Besonders gute Ergebnisse werden in Misiones erzielt. Der dort gebaute Reis erzielte 1913 in Konkurrenz mit aus Tucumán und Salta stammendem den ersten Preis. Es werden dort 67,5 kg je hl gegen 63 kg in anderen Gebieten erzielt. Dort dehnt sich nach Berichten von 1918 der Anbau auch erheblich aus.

Angesichts des starken Verbrauches an Reis, der überwiegend aus dem Auslande gedeckt wird — die Einfuhr beträgt ungefähr 50 000 t im Werte von $2^1/_2$ Mill. $ o/s jährlich — bieten sich dem argentinischen Erzeugnis gute Absatzmöglichkeiten. Die Produktion in den nördlichen Provinzen und Territorien dient in erster Linie dem lokalen Verbrauch. Da günstige Transportmöglichkeiten vorhanden sind, wie an den Ufern des Paranáflusses, ist auch die Belieferung von Buenos Aires, wie die steigenden Verschiffungsmengen von Posadas aus zeigen, erfolgreich aufgenommen worden. Der Durchschnittspreis für eingeführten geschälten Reis cif Buenos Aires betrug 1913 100, 1914 130 und 1917 170 $ o/s je t. Die Nationalregierung, die Regierungen der Provinzen und die argentinische Landwirtschaftliche Gesellschaft suchten die Kultur zu fördern, indem sie alljährlich ausgewählte Saat an die Pflanzer verteilten, Ausstellungen veranstalteten und die Reismühlen unterstützten.

Der Obstbau und die Obstkonservenindustrie

Die Frage, ob Argentinien zu denjenigen Ländern gehört, denen wie Spanien, Italien, Frankreich, Nordamerika, Australien und Teilen Canadas der Obstbau zu einer wichtigen Quelle wirtschaftlicher Kraft geworden ist, muß mit nein, die Frage jedoch, ob es die Grundlagen für großzügige Kulturen dieser Art aufweist, mit ja beantwortet werden. Die italienischen und spanischen Einwanderer, diejenigen Elemente also, die sich die Erschließung der Bodenkräfte der Republik zur Aufgabe gemacht haben, sind immer bestrebt gewesen, sich so schnell wie nur möglich durch durch den Getreideanbau zu bereichern und haben sich nur selten die Zeit genommen, sich neben dem extensiven Ackerbau auch intensiveren Kulturen, die mehr Mittel, Zeit und Arbeit, vor allem aber auch Fachkenntnisse erfordern, zu widmen. Französische und germanische Kolonisten haben nur manchmal eine Ausnahme von der Regel gebildet.

Und doch gibt es nur wenige Teile des Landes — der argentinische Agronom Carlos D. Girola hat immer wieder darauf hingewiesen — deren Klima und Boden nicht für diese oder jene Obstkultur in Frage käme. Die Aufzählung aller dieser Möglichkeiten hat, solange viele der in Frage kommenden Gebiete noch nicht Transportmöglichkeiten besitzen, die ihre wirtschaftliche Ausnutzung gewährleisten, allein theoretischen Wert. Die folgende Aufstellung gibt nur Aufklärung über die bisherige Nutzung. Nach der letzten amtlichen Statistik von 1908 kommen besonders folgende Gegenden in Betracht:

Provinzen und Territorien	Anbaufläche in ha	Zahl der Bäume
Buenos Aires	28 646	7 298 628
Santa Fé	3 473	895 930
Entre Ríos	2 903	661 286
Corrientes	8 769	1 649 797
Córdoba	4 043	1 926 989
San Luis	2 099	191 665
Santiago del Estero	368	44 374
Tucumán	1 829	217 316
Mendoza	1 069	244 655
San Juan	539	382 390
La Rioja	1 976	125 953
Catamarca	1 701	192 762
Salta	754	103 043
Jujuy	219	63 884
Chaco	263	51 497
Chubut	21	6 408
Formosa	13	15 123
Misiones	1 153	190 204
Neuquén	23	11 913
Pampa	52	26 600
Río Negro	267	41 168
Insgesamt	60 180	14 441 585

Es werden besonders folgende Arten kultiviert:

Arten	ha	Zahl der Bäume
Apfelsinen	9 348	2 116 962
Zitronen	372	64 320
Oliven	274	98 295
Pfirsiche	19 458	7 907 820
Aprikosen	1 454	311 582
Birnen	1 310	458 628
Äpfel	2 599	1 184 885
Andere	24 375	2 201 168
Insgesamt	59 190	14 343 660

Seit 1908 ist jedoch die Entwicklung kräftig fortgeschritten, und 1912 schon berechnete man die Zahl der Obstbäume auf 20 Mill.

Am stärksten ist der Obstbau in der Provinz Buenos Aires, besonders in einem Radius von 75 Meilen um die Hauptstadt, verbreitet, wo die intensive Kultur die größten Fortschritte gemacht hat. Vornehmlich geeignet sind dort die großen Alluvialgebiete des Deltas des Paraná mit humusreichem lockerem Boden und natürlicher Feuchtigkeit, wo die Obstsorten der gemäßigten Zone ausgezeichnet gedeihen, sich schnell entwickeln und reichlich vorzügliche Früchte tragen. Dort bietet sich der Anlage von Obstplantagen, besonders für Tafelobst, günstige Gelegenheit, zumal die Transportmöglichkeit auf dem kurzen Wasserwege den Absatz zur Hauptstadt sichert. Als recht entwicklungsfähig kommt ferner das Río Negro Tal in Betracht, wo seit einigen Jahren besonders durch die Südbahn umfangreiche Anlagen für künstliche Bewässerung gemacht worden sind, und das Klima ebenfalls der Kultur von Arten der gemäßigten Zone günstig ist, ferner das Tal des Río Colorado, von dem man hofft, daß es eines Tages den kalifornischen Produkten gleichwertige Erzeugnisse hervorbringen wird.

Die Provinz Corrientes ist die zweitwichtigste Obstgegend; sie bringt in großen Mengen vorzügliche Apfelsinen und Mandarinen hervor. Misiones, das noch nicht so weit fortgeschritten ist, wird den Spuren seiner Nachbarprovinz bald folgen. Córdoba, Santa Fé, Entre Rios, San Luis weisen ebenfalls sehr günstige Bedingungen auf. Tucumán, Mendoza, Formosa, Chaco, Jujuy, Salta, La Rioja und Catamarca kommen besonders für den Anbau subtropischer Früchte in Frage. In Mendoza hat die Obstkultur in der letzten Zeit stark an Verbreitung gewonnen.

Die wichtigste Obstart des Landes ist der Pfirsich, der fast in allen Gegenden, die ganz nördlich und südlich gelegenen ausgenommen, ausgezeichnet gedeiht und besonders in den Provinzen und Territorien Buenos Aires (Paranádelta), Córdoba, Santa Fé, Entre Rios, aber auch in San Luis, Mendoza, San Juan, La Rioja, Catamarca, Río Negro und Neuquén angebaut wird. 1908 wies die Provinz Buenos Aires 61 % der Pfirsichbäume der ganzen Republik auf, davon wieder befanden sich 68 % in der nahen Umgebung der Hauptstadt.

In frischem Zustande werden die Früchte in großen Mengen konsumiert und auch besonders nach den Nachbarländern, darunter Brasilien, ausgeführt. Ein Teil der Ernten findet in der Konserven- und Marmeladenfabrikation Verwendung.

Dort, wo die Weinrebe zur Weinfabrikation kultiviert wird[1], werden auch Tafeltrauben und zwar überwiegend einheimische Sorten („uvas criollas ó indigenas") gezogen. Den amtlichen Statistiken nach zu urteilen, ist beinahe die Hälfte der gesamten Weintraubenproduktion für Genußzwecke in Form von Tafeltrauben bestimmt. Der Anbau von Tafeltrauben ist sehr gewinnbringend.

Nach nordamerikanischem Urteil erhält man in Buenos Aires

[1]) Vergl. Weinbau und Weinindustrie.

bessere Tafeltrauben als in den Oststaaten der Union. Die besten Sorten kosteten 1915 im Kleinhandel 15 cts. o/s je kg. Der Versuch, gute Mendozatafelweintrauben in New York auf den Markt zu bringen, ist geglückt. Es ist möglich, daß sich dieser Auslandsabsatz vergrößern läßt. Zustatten kommt ihm, daß die Früchte im Winter der nördlichen Halbkugel dort ankommen. Auch im Inlande finden Tafeltrauben einen sehr guten Markt.

Die Einfuhr frischer Weintrauben geht immer mehr zurück. Sie betrug 1911 noch 645 936 kg im Werte von 19 378 $ o/s und fiel bis 1915 auf 90 446 kg im Werte von 8 041 $ o/s.

Die Herstellung von Rosinen wird in größerem Umfange in San Juan betrieben; trotzdem werden noch erhebliche Mengen davon importiert. Die Einfuhr gestaltete sich folgendermaßen:

	kg	$ o/s
1911	789 526	157 987
1912	846 130	170 018
1913	450 698	90 538
1914	243 789	48 856
1915	315 539	63 225

Der Apfelsinenbaum, dessen Frucht bei allen Völkern immer mehr an Wertschätzung gewinnt und sich im internationalen Handel einen beachtenswerten Platz errungen hat, gedeiht besonders in den subtropischen Gegenden der Republik ausgezeichnet. Die wichtigsten Produktionsgebiete sind die Provinzen Corrientes, Entre Ríos, Misiones und Tucumán; außerdem kommen besonders noch in Betracht: Buenos Aires, Santa Fé, Chaco, Salta, La Rioja und Catamarca. Insgesamt waren 1910 ca. 10 000 ha mit 2 200 000 Bäumen zu verzeichnen. Es handelt sich dabei besonders im Norden meist um waldartige Bestände inmitten anderer Baumarten, gegen die moderne und systematische Anpflanzungen nach kalifornischem Muster z. B. ganz zurücktreten.

Die sachgemäße Pflege dieser Bestände und vor allem die rationelle Zucht lassen viel zu wünschen übrig, so daß manche minderwertigen Sorten erzielt werden und Schädlinge, wie die „gomosis" oft erhebliche Verluste anrichten. Am besten gedeihen die Bäume auf durchlässigen Böden, die tonhaltige Sanderde mit etwas Kalkgehalt aufweisen, die bewässerungsfähig sein müssen.

Dem systematischen methodischen Anbau, dessen Förderung sich das Ackerbauministerium und die Defensa agrícola angelegen sein lassen, ist bislang nur wenig Aufmerksamkeit gewidmet worden; er bietet noch ein dankbares Betätigungsfeld.

Die Nachfrage nach Apfelsinen im Lande ist stark und wird noch keineswegs befriedigt, wie die erhebliche Einfuhr aus Bahia

(Brasilien) und Spanien auf dem Seewege, aus Paraguay auf dem Flußwege zeigt. Sie stellte sich in den letzten Jahren folgendermaßen: (in $ o/s) 1911 263 978, 1912 210 662, 1913 287 466, 1914 244 601, 1915 345 640. Der Import ist also noch im Steigen begriffen; gelegentlich findet jedoch auch schon eine Ausfuhr, so nach Uruguay, statt. Die Verwendung von Apfelsinen zu Marmeladen und ähnlichen Erzeugnissen nach englischem Geschmack ist erst in geringem Umfange in Angriff genommen.

Die Rentabilität läßt sich schwer berechnen. In Californien rechnet man mit einem Nettogewinn von 570 $ je ha. Nach Feststellungen des Agronomen Fernandez von 1914/15 gibt in Argentinien ein Apfelsinenbaum in seinen besten Jahren ca. 2000 Früchte, die am Baume mit 6 $ m/n je 1000, also mit 12 $ m/n bezahlt werden, so daß sich der mögliche Höchstertrag je ha auf 1200 $ m/n beläuft. Auf dem Markte von Buenos Aires wird das Dutzend mt 35 cts m/n verkauft, was einem Ertrag von 5831 $ je ha entsprechen würde, wenn es z. B. durch Bildung von Verkaufsgenossenschaften gelänge, den hohen Gewinn des Zwischenhändlers auszuschalten.

Ähnlich wie für Apfelsinen liegen die Verhältnisse bei Limonen, dickschaligen Orangen, Mandarinen und Zitronen. Bei letzteren ist noch zu bemerken, daß nicht nur nach den frischen Früchten, sondern auch nach Zitronensäure, die ähnlich wie Weinsteinsäure in der Weinfabrikation des Landes Verwendung findet, Nachfrage besteht.

Die Einfuhr von Zitronen ist noch im Steigen begriffen, wie folgende Zahlen zeigen: (in $ o/s) 1911 80 712, 1912 68 964, 1913 97 800, 1914 68 990 und 1915 114 825.

Die Kultur des Apfelbaumes verdient, da sie besonders aussichtsreich erscheint und bislang nicht die nötige Aufmerksamkeit gefunden hat, besondere Beachtung. Vorzüglich geeignete Gegenden sind die Inseln des Paranádeltas mit ihrem Alluvialboden und guter Bewässerung. Dort hat der Anbau in den letzten Jahren gute Fortschritte gemacht, wenn es auch noch an der nötigen Sorgfalt und Auslese mangelt. Weniger kommt für diese Kultur die Provinz Córdoba, deren große Bestände eingegangen sind, in Frage. Besonders günstig sind die Verhältnisse in Neuquén, am Coloradoflusse und im Río Negrogebiet. In Neuquén kommen große Bestände verwilderter Apfelbäume vor. Wahre Prachtexemplare finden sich im Aluminetal. Die Früchte dieser verwilderten Arten zeichnen sich durch ein angenehmes Aroma aus.

Trotz dieser guten Kulturmöglichkeiten findet ein recht bedeutender Import von Äpfeln aus Nordamerika, Italien, Österreich, Portugal, Spanien und Australien, Uruguay, Chile und Neuseeland statt. Er belief sich auf folgende Werte (in $ o/s): 1912 96 794, 1913 208 371, 1914 198 433 und 1915 299 123. Diesen erheblichen Bedarf könnte Argentinien wohl leicht selber decken und darüber hinaus noch zur Ausfuhr schreiten. Zweifellos hat die Apfelkultur in vielen Teilen Argentiniens, besonders südlich des Río Colorado, also im eigentlichen Patagonien, große Aussichten, wo Wasser für Bewässerung vorhanden ist und Transportmöglichkeit nach Buenos Aires besteht. Besonders in den Andengegenden ist auch genügend Holz vorhanden, das zur Herstellung von Fässern und Kisten dienen kann.

Die Kultur des Birnbaumes ist nur wenig verbreitet, da er verhältnismäßig größere Sorgfalt erfordert und leichter Schädlingen ausgesetzt ist. Er gedeiht und wird gepflanzt besonders im Süden der Provinz Buenos Aires, in Córdoba, San Juan, Mendoza und im Süden des Landes. Bei geeigneter Auswahl der Sorten ließe sich sein Anbau bedeutend erweitern. Vorläufig werden noch größere Mengen aus Frankreich und den Vereinigten Staaten importiert.

Aprikosen gedeihen in den gleichen Gegenden wie Pfirsiche und Birnen.

Kirschen werden nur wenig kultiviert, obgleich das Klima, besonders der Provinzen Buenos Aires, Córdoba, Mendoza, San Juan und der Süden des Landes ihrer Kultur nicht ungünstig ist. Das gleiche gilt von den Zwetschgen.

Quitten, die besonders zur Herstellung von Marmelade usw. und auch in der Likörfabrikation Verwendung finden, gedeihen in vielen Teilen des Landes, besonders im Paranádelta, im Río Negrotal ohne besondere Sorgfalt ganz hervorragend.

Erdbeeren und Johannisbeeren, die jedoch nur in den südlichen Gegenden gute Bedingungen finden, sind bislang nicht in größerem Umfange angebaut worden. Mittelmäßige Erdbeeren werden aus Uruguay zu hohen Preisen importiert.

Obgleich viele Gegenden für die Kultur von Walnüssen, Haselnüssen, Edelkastanien und Mandeln gut geeignet sind, werden diese Arten nur wenig gepflanzt, und ihre Früchte müssen noch in bedeutenden Mengen eingeführt werden. Im Durchschnitt der letzten Jahre wurden alljährlich importiert an Mandeln mit Schale 440 000 kg im Werte von 66 000 $ o/s, an geschälten Mandeln 183 000 kg im Werte von 73 000 $ o/s, an Haselnüssen mit Schale 440 000 kg im Werte von 44 000 $ o/s, an Haselnüssen ohne Schale 28 000 kg im Werte von 4 660 $ o/s, an Edelkastanien mit Schale 2 063 000 kg im Werte von 41 000 $ o/s, an Edelkastanien ohne Schale 217 000 kg im Werte von 21 800 $ o/s.

Feigen gedeihen in den meisten Gegenden des Landes, die südlichen ausgenommen, sehr gut. Eine regelrechte Zucht findet jedoch nicht statt. Die frischen Früchte finden im Inlande einen guten Markt. Zur Befriedigung der Nachfrage nach getrockneten Feigen muß jedoch das Ausland herangezogen werden.

Es wurden davon importiert:

	kg	$ o/s
1911	1 178 495	152 010
1912	1 072 791	141 206
1913	1 182 787	154 129
1914	568 625	71 220
1915	681 997	86 868

Granatäpfel, Kakis und Mispeln, von denen die letzteren erst seit verhältnismäßig kurzer Zeit gepflanzt werden, sind nur von untergeordneter Bedeutung.

Zahlreich sind die sogenannten einheimischen Fruchtbaumarten, die in den nördlichen Landesteilen und Grenzzonen vorkommen. So der Flaschen- oder Zuckerapfelbaum mit seinen als ausgezeichnet gerühmten aber sehr empfindlichen Früchten (chirimoyas), der besonders in Salta, Tucumán, Jujuy und auch in Formosa, Chaco, Misiones, Corrientes, im Norden von Santa Fé und Entre Rios vorkommt.

Ähnlich liegen die Verhältnisse für Guajavaäpfel, Guajavabirnen, die sogenannten „guayavos", die Früchte der Nopalbäume und Agnatatefrüchte, die besonders für Marmelade Verwendung finden.

Bananen, Kokospalmen und Datteln kommen ebenfalls in diesen Gegenden vor. Auch mit der Kultur der Ananas sind dort gute Resultate erzielt worden. Ihrer großzügigen Entwicklung steht jedoch gelegentliches Vorkommen von Nachtfrösten hindernd im Wege, und die nördlichen Nachbarländer bringen sie besser hervor.

In der spanischen Kolonialzeit hat Argentinien eine beachtenswerte Olivenkultur aufzuweisen gehabt. Eine Kabinettsorder des egoistischen und kurzsichtigen Mutterlandes, das, eine Konkurrenz befürchtend, die Abholzung der Wälder bestimmte, bereitete ihr jedoch ein Ende, und seitdem hat sich der Anbau dieses wichtigen Baumes nicht wieder zu der alten Ausdehnung entwickelt.

Zahlreiche Teile des Landes weisen für das Gedeihen des Olivenbaumes günstige klimatische und Bodenverhältnisse auf; sie erstrecken sich von den Gebirgsgegenden von Salta, Jujuy, La Rioja und Catamarca bis in die Ebene der Pampa und in die nächste Umgebung von Buenos Aires, wo überall schöne Exemplare die günstigen Vorbedingungen beweisen. Außerdem kommt dafür besonders noch die Provinz Corrientes (Departement Monte Caseros) in Betracht. Die Sorgfalt, derer die Kultur bedarf, ist nicht eben bedeutend und wenig kostspielig. Schädlinge, wie der bacillus oleae Trew. können durch geeignete Sortenauswahl und durch leicht zu treffende Vorsichtsmaßregeln vermieden werden.

Die Anlage von Wäldern kann vorteilhaft dort stattfinden, wo kein extensiver Ackerbau mehr getrieben wird, besonders also in den gebirgigen Gegenden des Westens. Bei der Hochwertigkeit der Produkte spielt die Entfernung von der Hauptstadt dabei keine wesentliche Rolle.

Trotz dieser günstigen Verhältnisse wird der Anbau von Oliven nicht systematisch betrieben. Der Grund dafür liegt in dem Umstand, daß die Kultur wie die der Obstbäume überhaupt erst nach einer Reihe von Jahren Ertrag abwirft, und ganz abgesehen vom Ackerbau andere Bodennutzungen sich schneller rentieren, und daß die Oliven nicht wie andere Früchte in frischem Zustande leicht Abnehmer finden. Der ausgezeichnete argentinische Fachmann Carlos de Girola betont jedoch mit Recht, daß diese Gründe nicht dafür maßgebend sein können, die Chancen, die sich dem Anbau bieten, zu verachten. Diese liegen vor allem in dem starken Bedarf des Landes an Olivenöl und Oliven, Genußmittel, die in größeren Mengen besonders von den italienischen und spanischen Elementen der Bevölkerung konsumiert werden. Während des Jahres 1912, das als normaler Durchschnitt angesehen werden kann, wurden eingeführt: Gepreßte Oliven (aceitunas aprensadas) ca. 3,4 Mill. kg im Werte von 374 000 $ o/s, Oliven in Öl ca. 3570 kg im Werte von 2340 $ o/s, Oliven in Salzbrühe ca. 364 000 kg im Werte von 73 000 $ o/s. Insgesamt 3 770 000 kg Oliven im Werte von ca. 450 000 $ o/s und zwar besonders aus Spanien. An Olivenöl wurden 127 341 000 kg im Werte von beinahe 5 Mill. $ o/s besonders aus Italien und Spanien importiert.

Diese Zahlen zeigen, wie stark der übrigens alljährlich sich steigernde Bedarf des Landes an den Erzeugnissen der Olivenkultur und Ölindustrie ist. Wenn Argentinien diesen Bedarf selber decken wollte, so müßte es statt der gegenwärtig zu verzeichnenden Anbaufläche von ca. 300 ha eine solche von 25 bis 30 000 ha aufweisen. Es bieten sich dieser Kultur also große Aussichten, sie wird sich jedoch nur mit der Einführung und Erweiterung der Ölindustrie entwickeln können. Diese ist nicht so kompliziert, als daß sie nicht ohne besondere Schwierigkeiten aufgenommen werden könnte. Geschützt wird sie schon durch die relativ hohen Zölle auf das ausländische Produkt. Aceitunas aprensadas zahlen 3,2, Oliven in Öl 8,6, Oliven in Salzbrühe 5,4 cts und Olivenöl 10,35 cts o/s je kg Zoll, berechnet auf einen Einfuhrwert von 10, 230, 320 und 17,9 cts o/s je kg.

Die Förderung der Olivenkultur läßt sich besonders die Provinz Córdoba angelegen sein. Dort ging von der Regierung der gesetzgebenden Körperschaft 1913 ein Projekt zu, das eine Prämie von 50 cts m/n für jeden dreijährigen Olivenbaum bei mindestens 50 Bäumen in bestimmten Gegenden vorsieht. Werden 10 ha mit Oliven bepflanzt, so sollen ca. 25 % der Grund- und Bodensteuer auf 10 Jahre erlassen werden. Auch die Anlage von Ölfabriken soll gefördert werden. Die Provinzialregierung verteilt auch an Interessenten Bäume zur Anpflanzung umsonst.

Als Beweis für die Beurteilung der Aussichten mag die Tatsache dienen, daß im Frühjahr 1918 in Ainogasta (La Rioja) eine Olivenölfabrik in Betrieb genommen wurde.

* * *

Meist wird der Obstbau in Argentinien unsystematisch betrieben und bildet nur einen Zweig der allgemeinen Landwirtschaft. Besonders in der Provinz Buenos Aires finden sich auf den Landgütern sogenannte „montes", Fruchtgärten oder besser Obstbaumwälder, in denen verschiedene Arten ohne besondere wirtschaftliche Gesichtspunkte gezogen werden. Eigentliche Obstplantagen, die nach wissenschaftlichen Methoden arbeiten, gibt es nur wenige. Am hinderlichsten stellt sich der Entwicklung der Mangel an Fachleuten entgegen, die in Argentinien ein ausgedehntes Betätigungsfeld finden dürften.

Die argentinische Nationalregierung sowohl als die Regierungen der Provinzen lassen sich die Förderung des Obstbaues angelegen sein. Obstbaumschulen gibt es in Mendoza, San Juan und Córdoba zum Teil als Abteilungen der Ackerbauschulen. Die Nationalregierung unterstützt den Obstbau durch Ausstellungen, von denen die erste 1903/4 und weitere in den Jahren 1905/6 und 1906/7 in Buenos Aires stattfanden. Auch die Eisenbahngesellschaften sind an der Förderung der Kultur interessiert. So veranstaltete die Pacificlinie 1910 und 1911 bemerkenswerte Obstausstellungen.

Die Verarbeitung des Obstes zu Konserven, Marmeladen und dergleichen, zu Dörrobst, Fruchtwein, Fruchtessenzen u. s. f. ist noch nicht stark entwickelt, und es heißt, die bestehenden Werke könnten leicht ihre Produktion erhöhen, wenn mehr Rohmaterial vorhanden wäre. In der Provinz Buenos Aires wurden 1913 etwa ein Dutzend größerer Obstkonservenfabriken gezählt. Manche dieser gewerblichen Anlagen bestehen schon seit Jahrzehnten. In Mendoza hat dieser Erwerbszweig besonders in letzter Zeit eine gute Entwicklung genommen.

Der inländische Markt wird, wie die Einfuhr zeigt, noch keineswegs befriedigt, die Ausfuhr ist noch ganz geringfügig. Besonders an „dulces", einer aus verschiedenen Fruchtarten, besonders Pfirsichen, Quitten, Apfelsinen und guayavas, mit Zucker oder Sirup eingekochten festen Masse, die selten bei einer Mahlzeit als Nachtisch fehlt und mit Käse zusammen genossen wird, ist der innere Konsum sehr bedeutend.

Nachteilig auf die Entwicklung der Obstkonservenindustrie wirkt der hohe Arbeitslohn. Sehr zum Vorteil gereicht ihr der Umstand, daß in normalen Zeiten Argentinien große Mengen

Rohrzucker hervorbringt und an Holz sowohl zur Herstellung von Verpackungsmaterial als für Feuerungszwecke in den meisten Produktionsgebieten kein Mangel besteht.

Eines der größten Unternehmen, das sich mit der Verarbeitung von Obst beschäftigt, ist die Tigre Packing Co., die alljährlich ca. 600 000 Dosen herstellt, die meist lange vor Beginn der nächsten Saison abgesetzt sind. Die Dosen werden aus eingeführtem Material im eigenen Betrieb hergestellt. Sie besitzt ihre eigenen Obstplantagen und stellt aus eigenen Waldungen das Kistenmaterial.

Im ganzen sind die Aussichten für die Obstkultur und die Herstellung von Obstkonserven günstig zu nennen. Was dem Lande bis in die neueste Zeit gefehlt hat, sind Fachleute, die einen systematischen Anbau treiben und die dem Klima und Boden angepaßten Sorten züchten. Daß die Differenz zwischen dem von dem Anbauer erzielten Preise für seine Produkte und den Preisen des Kleinhandels erheblich ist, ist keine auf Argentinien beschränkte Erscheinung. Die Zwischenhändler pflegen einen hohen Gewinn zu erzielen und die Ware stark zu verteuern, dafür aber — da sie die Ernte meist am Baum lange vor der Reife kaufen — auch ein großes Risiko zu tragen. Um einer Ausnutzung seitens der Aufkäufer zu entgehen und direkte Absatzmöglichkeit zu schaffen, besteht die Bestrebung, Verkaufsgenossenschaften zu bilden, die von Staatsbehörden und den Provinzialregierungen Unterstützung finden.

Die Forstnutzung und die Holzindustrie

Argentinien ist eines der waldreichsten Länder des amerikanischen Kontinents. Ungefähr 65 Mill. ha seiner Gesamtoberfläche von 300 Mill. ha sind von ausgedehnten Wäldern, zum Teil wertvollster Baumarten, die einen unberechenbaren Reichtum darstellen, bedeckt. Rund 37 Mill. ha davon sind zur unmittelbaren Ausbeute geeignet. Acht verschiedene Zonen lassen sich innerhalb der großen Nord-Süd-Ausdehnung und der von West nach Ost sich gruppierenden Landschaften unterscheiden, die der antarktischen Wälder, die patagonische, die der Pampa, das Gebiet des „chañar" genannten Baumes und Gestrüppes, die subtropische Zone, die des Chaco, die paraguayische und endlich die mesopotamische.

Die erste Zone bildet hauptsächlich das Territorium Feuerland, in dessen windgeschützten Tälern unter dem steten Einfluß der starken Feuchtigkeit sich im Laufe der Jahrhunderte riesenhafte Waldbestände verschiedener Arten, unter denen die Pappel vorwiegt, von Menschenhand ungestört entwickeln konnten.

Die patagonische Zone umfaßt die nicht weniger mächtigen Waldungen in den Anden. Vom Feuerland an bis zum 36. Breitengrade zieht sich dort eine 2000 km lange und ca. 25 km breite Zone längs der Hochgebirge hin, sie bis zu 1700—1800 m Höhe vorzüglich mit Zypern, llaqui und viréchacay bedeckend. Besonders das Territorium Neuquén verdient dort Beachtung. Bedauerlich ist, daß oft, wie zuletzt 1914, Waldbrände große Bestände vernichten. Die Flächen der Ebene sind mit Straucharten und Gestrüppen bewachsen. An den Flußläufen, wie dem des Río Negro, finden sich größere Bestände der amerikanischen Weide, die Material für die Korbflechterei und gutes Bauholz liefert. In der Pampa dagegen fehlen auch diese. Dort ist nur das vereinzelte Vorkommen des Ombu-Baumes bemerkenswert.

Die Fortsetzung der baumlosen Pampa nach Norden führt in das Gebiet des chañar, der von Süden nach Norden an Größe gewinnt und ein hartes wohlgeschätztes Holz und überdies wohlschmeckende Früchte hervorbringt. Die Waldungen dieser Region, die Provinzen Córdoba, Santiago, Catamarca, La Rioja, San Juan, Mendoza und San Luis weisen noch besonders den dem chañar ähnlichen Brea-Baum mit hartem Nutzholz, den „cucharero" und den algarrobo auf. Letzterer ist wegen der vielseitigen Verwendungsmöglichkeit seines festen Holzes, weniger seiner stärke- und zuckerhaltigen Früchte wegen, als einer der wichtigsten argentinischen Bäume geschätzt. Ferner ist dort zu nennen der ñandubay, eine Akazienart, deren Früchte stark gerbsäurehaltig sind und deren Holz für Weidenpfosten Verwendung findet. Der wertvollste aber ist der Quebracho-Baum, der für Argentinien zu einer Quelle des Reichtums geworden ist.

Die Waldungen der subtropischen Zone sind die großartigsten, die Argentinien aufzuweisen hat. Die dort vorkommenden Arten sind zu zahlreich, als daß sie alle hier genannt werden könnten. Der prächtig belaubte tipa erreicht eine Höhe bis zu 50 m. Auch der Lorbeerbaum erreicht dort, ebenso wie der Nußbaum, gigantische Formen. Die Zeder tritt in den ausgedehnten Wäldern, ebenso wie die Eiche, mit prächtigen Exemplaren auf. Ferner sind noch verschiedene Akazienarten und Myrten in ausgezeichneter Beschaffenheit zu nennen. Der riesige, im Frühling mit gelben, rosa und violetten Blüten geschmückte lapacho, der „palo borracho" und lignum vitae bilden, vervollständigt durch Orchideen, Lianen, Moose und zahlreiche Blumenarten, die üppige Flora jener Gebiete, vor allem Tucumáns und Jujuys.

Die Zone des Chaco, an der der Norden der Provinz Santa Fé, der Nordosten der Provinz Santiago del Estero, das Chacoterritorium und das Territorium Formosa teilhaben, ist das vom Standpunkt der augenblicklichen wirtschaftlichen Nutzung wichtigste Waldgebiet Argentiniens. Die Wälder bilden dort zum Teil undurchdringliche, nur hier und da von grasbewachsenen

Lichtungen unterbrochene Komplexe mit starkem Gestrüpp und Unterholz. Am häufigsten sind dort der hohe harthölzige durazznillo, der palo santo mit stark harzartigem Holz sowie der palomataco, der schon oben erwähnte algarrobo, der mistol mit saponinhaltiger Rinde und der ebenfalls schon genannte quebracho. Von letzterem werden drei Sorten unterschieden: quebracho colorado, mit eisenhartem, gegen den Einfluß von Witterung und Wasser so gut wie unempfindlichem, stark tanninhaltigem Holz, der quebracho blanco mit geringerem Tanningehalt und der in Gestrüppen vorkommende quebracho flojo, der eine verkümmerte Form darstellt.

Die sogenannte paraguayische Formation nimmt den Norden der Provinz Corrientes und das Territorium Misiones ein. Dort zeigen die Waldungen ähnlichen Charakter wie die der subtropischen Zone. Charakterisiert werden ihre Wälder durch das Vorkommen der yerba maté, deren Blätter zur Herstellung des Maté-Tees dienen. Ferner kommen im Norden von Corrientes und in Misiones unter den hunderten anderer durch die Schönheit und den hohen wirtschaftlichen Wert ihres Holzes bemerkenswerter Arten besonders der lapacho, curupay, ivirá perée, „niño kupá", tambeterí taruma, granadillo vor, deren botanische Rekognoszierung zum Teil, wie das auch bei den übrigen Vorkommen in Argentinien der Fall ist, noch aussteht und die mit den ihnen oft nach äußeren Anzeichen beigelegten Namen in der Indianersprache mit spanischen Schriftzeichen bezeichnet werden.

Die mesopotamische Zone der argentinischen Flora weist in Mittel- und Süd-Corrientes sowie in Entre Rios ausgedehnte Waldungen auf, unter denen die von Montiel berühmt ist. Die Ufer des Paraná-Paraguay und des Uruguay sind von prachtvollen Wäldern bestanden, in denen die „yatay" genannte Baumart vorherrscht.

Die Ausbeute der argentinischen Waldungen, an denen das Überwiegen von Laubhölzern und der Mangel an Nadelhölzern sowie der Umstand, daß meist die verschiedenen Arten durcheinander stehen bemerkenswert ist, wird besonders in den Provinzen Santa Fé und Santiago del Estero, im Chacoterritorium, in den Provinzen Córdoba und Tucumán schon seit langer Zeit betrieben und zwar überwiegend, um den Eigenbedarf des Landes an Holz zu decken, weniger für die Zwecke der Ausfuhr.

Die wirtschaftliche Form der Ausbeute ist verschieden. Sie kann entweder auf käuflich erworbenem Besitz oder auch für diesen Zweck gepachtetem oder auch auf fiskalischem Boden erfolgen. Über die Ausbeute von Waldungen auf Staatsländereien sagt das Landgesetz von 1903:

„Art. 18. Bis zum Erlaß eines besonderen Forstgesetzes soll es der Regierung freistehen, Konzessionen zur Ausbeutung von Wäldern bis zu 10 000 ha und für einen Zeitraum von nicht über

10 Jahren zu erteilen. Die hierfür zu entrichtende Abgabe wird auf 10 % des Holzertrages ab Station bezw. Verschiffungshafen festgesetzt. Die Pächter von Ländereien mit Waldbestand sind nicht berechtigt, mehr Holz zu schlagen, als sie zur Einfriedigung ihrer Grundstücke und zur Feuerung benötigen, es sei denn, daß sie auch eine Konzession behufs gewerblicher Ausbeutung des Forstes erhalten und außer ihrem Pachtzins die hierfür festgesetzten 10 % erlegen. Eine derartige Konzession soll nur dem Pächter des betreffenden Landes gewährt werden.

Desgleichen dürfen Forstparzellen, die bereits Gegenstand einer Konzession sind, auch nur den Inhabern derselben zwecks Betrieb von Ackerbau oder Viehzucht verpachtet werden.

Die Regierung soll nach eigenem Ermessen die Ausbeutung der Waldbestände im Umkreis der Ortschaften für die Bedürfnisse dieser letzteren vorbehalten.

Art. 19. Für die Konzession zur Ausbeutung der yerbales (Yerba Maté-Wälder) auf Staatsland gelten die diesbezüglichen von der Regierung erlassenen Verfügungen. Für die auf Staatsländereien gewonnene yerba maté ist eine Inspektionstaxe von 50 cts m/n je 10 kg zu entrichten, während die nämliche Steuer bei Privatland 30 cts m/n je 10 kg beträgt.

Nach Feststellung der Yerba-Distrikte ist die Regierung befugt, dieselben zu parzellieren, um sie zu verkaufen oder zu verpachten und zwar möglichst unter Bedingungen, die geeignet sind, die Besiedelung zu fördern.

Der Pachtvertrag bedingt in diesem Falle sowohl das Recht zur Ausbeute der yerba, als auch der auf dem nämlichen Lande befindlichen Bäume und umgekehrt".

Oft wird bei der Erteilung einer Konzession von der Regierung eine Mindestausbeute zur Bedingung gemacht.

Bei privatem Besitz verpachtet der Waldbesitzer meist das Land zur Holzausbeute für einen Zeitraum, der zwischen einigen Monaten und Jahren schwankt. Der Pachtpreis pflegt sich dabei nach der Holzausbeute zu richten und wird dann je t gewonnenen Holzes berechnet.

Durchweg erfordert die Ausbeute von Wäldern große Kapitalien. Das Grundkapital pflegt dabei verhältnismäßig gering zu sein, da der Preis der meist entlegenen Waldgebiete verhältnismäßig niedrig ist. Jedenfalls steht er in keinem Verhältnis zum Betriebskapital, das z. B. für den Bau von Transportmitteln gebraucht wird.

Die Anlage einer Holzschlägerei erfolgt meist an Flußläufen, die, wie z. B. der Paraná, günstige Transportmöglichkeiten bieten. Eine primitive Landungsstelle, ein Verwaltungsgebäude und rohaufgeführte Arbeiterhütten pflegen die einzigen Baulichkeiten zu sein; sie werden nach der Ausnutzung der Bestände wieder verlassen. Der Transport von den Waldungen geschieht durch Ochsen- und Maultiergespanne oder vermittels Schmalspurbahnen. Die Verladung erfolgt mit Hilfe von „planchadas“ genannten Schneisen, die von der Uferhöhe bis zum Wasserspiegel reichen, auf denen die Stämme hinabgleiten. Wegen des hohen spezifischen Gewichtes des Holzes erfolgt der weitere Transport dann meist auf Barken und Dampfern, weniger auf Flößen. Der Bahntransport fällt natürlich ungleich teurer aus.

Das Arbeitermaterial stellt meist die Provinz Corrientes. Bei der Bezahlung ist leider noch das Vorschußsystem üblich. Von den größeren Unternehmen wird vielfach dem eigentlichen Betriebe für die Holzausbeute ein landwirtschaftlicher Betrieb angegliedert, durch den die Lichtungen, die zum Maisbau und zur Viehhaltung Verwendung finden, nutzbar gemacht werden.

Leider betrachten die bestehenden Unternehmungen die Waldbestände wie eine Mine, von der nur genommen, der jedoch nichts gegeben wird. Es wäre für die Erhaltung dieser Quelle nationalen Reichtums erwünscht, daß mit der Ausbeute auch die Aufforstung Hand in Hand ginge. Die Waldungen von Montiel in der Provinz Entre Rios sind ein trauriges Beispiel für den herrschenden Raubbau, gegen den schon verschiedentlich gesetzliche Maßnahmen geplant wurden. So 1913 in der Botschaft des Präsidenten, in welcher die vermehrte Bestellung von Inspektoren und Kontrollbeamten, ferner die Anstellung ausländischer Fachleute zur Prüfung der Fragen angekündigt wurde; ferner im Mai 1915, als es hieß, der Leiter des Amtes für Wälder und Yerba Maté-Vorkommen (der Oficina de bosques y yerbales) Ingenieur Holmberg, sei mit der Vorbereitung eines Forstgesetzes beauftragt worden. Bislang jedoch ist es bei den Plänen geblieben, und dem Unternehmer sind noch keine Beschränkungen auferlegt worden.

Oft findet der Holzschlag in Verbindung mit dem Betrieb einer Sägemühle statt, von denen sich zahlreiche besonders am Paraná, im Chaco, in Misiones, in Corrientes, Santa Fé und auch Neuquén befinden. Nach dem Zensus von 1910 gab es 283 derartiger Unternehmen, in denen 16 808 728 $ m/n angelegt waren, und deren Jahresverkauf durchschnittlich 36 153 831 $ m/n betrug. Im gleichen Jahre wurden etwa 100 Waldausbeutungsgesellschaften gezählt, die mit einem Kapital von 17 273 637 $ m/n arbeiteten und alljährlich ca. 12 280 260 $ m/n umsetzten.

Nach einem großen Aufschwung hat sich die Lage der Holzschlägereien etwa von 1910 ab unbefriedigend gestaltet, so daß wohl von einer Krisis gesprochen werden konnte, deren Ursache besonders auch das Nachlassen der Nachfrage nach Eisenbahnschwellen war, deren Bedeutung noch erwähnt werden soll. Eine Überproduktion, zu der noch mangelnde Transportmöglichkeit kam, machte sich unangenehm fühlbar. So bietet die Rentabilität vieler großer Unternehmungen während der letzten Friedensjahre kein günstiges Bild. Der Krieg mit seiner starken Nachfrage besonders nach Brennholz, das hohe Preise erzielte, mag jedoch einen günstigen Einfluß ausgeübt haben, und der gewaltige Bedarf, den das durch den Krieg zerstörte Europa für den Aufbau benötigt — in Belgien allein soll es sich um 1 Mill. Wohnungen handeln — wird vielleicht, wenn auch nur indirekt, durch die stärkeren Lieferungen der übrigen Holzländer zu infolge der Nachfrage gesteigerten Preisen auf Argentinien rückwirken.

Der Bedarf Argentiniens an Holz ist bedeutend. An Bauholz werden große Mengen verbraucht, und die erhebliche Einfuhr zeigt, daß die Nachfrage noch zum großen Teil durch das Ausland befriedigt werden muß. Es werden in normalen Zeiten alljährlich durchschnittlich importiert: an Kiefernholz 586 000 cbm im Werte von 9 382 000 $ o/s, Weißfichtenholz 118 000 cbm im Werte von 2 265 000 $ o/s, Pechtannenholz 232 000 cbm im Werte von 3 240 000 $ o/s, ferner werden eingeführt: an Hartholz 93 000 cbm im Werte von 1 090 000 $ o/s, an Eichenholz 10 600 cbm im Werte von 278 000 $ o/s.

Als Feuerungsmaterial muß das Holz in einem Lande, das keine nennenswerten Kohlenlager besitzt und erst gegenwärtig an die Ausbeute seiner Petroleumlager geht, eine besondere Rolle, besonders in den der Küste entfernt liegenden Gegenden spielen. Mit Holz heizen vor allem die Staatsbahnen im Norden, Holz wird auch unter dem Schiffskessel der Flußdampfer verheizt, und außer in vielen industriellen Betrieben findet es noch in den Haushaltungen Verwendung. Wie wichtig diese Möglichkeit der Nutzbarmachung der Waldbestände für Argentinien ist, hat sich während des Weltkrieges, der eine ungeheure Frachtensteigerung und schließlich das Versiegen der Kohlenzufuhr zur Folge hatte, gezeigt. Im Jahre 1917 mußten und konnten fast alle Bahngesellschaften des Landes zur Holzfeuerung greifen. Ihr monatlicher Bedarf wurde auf 250 000 t geschätzt.

Für Heizzwecke kommen vorzüglich das Holz des Quebracho- und des Algarrobobaumes in Frage, das entweder auf der Bahn oder den Paraná hinunter nach Buenos Aires, dem größten Konsumenten gelangt. Sobald die Kohlenzufuhren wieder das normale Maß erreichen, oder wenn eines Tages die einheimische Petroleumindustrie soweit ist, einen größeren Teil des Konsumes an Brennstoffen zu befriedigen, dürfte dieser vorübergehende Massenverbrauch des Holzes wieder auf das normale Maß beschränkt werden, zumal diese Verwendungsart, wenigstens bei Quebrachoholz, für den Produzenten die am wenigsten lohnende ist. Meist wurden vor dem Kriege nur die Abfälle als Feuerungsmaterial verkauft.

An Eisenbahnschwellen hat der innere argentinische Markt einen starken Bedarf, dessen Gestaltung von dem Ausbau des Bahnnetzes abhängt und gefördert wurde durch ein Gesetz, das die Verwendung von einheimischen Quebrachoholzschwellen anstelle der eingeführten eisernen vorschrieb. Die Bestellungen derartiger Schwellen sind von größtem Einfluß auf die Rentabilität der Holzschlägereien gewesen. Der Abschluß von Kontrakten z. B. über die Lieferung von 800 000 Schwellen aus dem gleichen Material in gleichem Ausmaß innerhalb einer bestimmten Lieferungsfrist (wie von 2 Jahren) ermöglichte eine sichere Disposition und Kalkulation. Ein gewisser Krisenzustand, den die argentinische Industrie der Waldausbeute in den letzten Jahren hat durchmachen müssen, ist wesentlich in dem Ausbleiben derartiger Aufträge begründet gewesen.

Als Material für Holzpflasterung finden verschiedene einheimische Holzsorten Verwendung.

In der Herstellung von Dauben für Fässer, wie sie die hochentwickelte Weinindustrie braucht, ist eine weitere Absatzmöglichkeit erschlossen. Besonders die argentinischen Eichen- und Zypressenhölzer werden dafür verarbeitet. Die erhebliche Einfuhr von Fässern und Dauben zeigt, welche Absatzmöglichkeit sich auf diesem Gebiete der argentinischen Industrie noch eröffnen. Durchschnittlich werden 773 000 Stück im Werte von ebensoviel $ o/s überwiegend aus den Vereinigten Staaten importiert.

Als Pfosten für Umzäunungen, wie sie das Gesetz dem Landbesitzer vorschreibt, finden die Stämme besonders des quebracho flojo in großen Mengen Verwendung.

Der schon seit mehr als einem Jahrzehnt sich kräftig entwickelnde Bau von Eisenbahnwagen von der einfachsten bis zur feinsten Art, den besonders die Werkstätten der Staatsbahnen, wie die in verschiedenen Ausstellungen gezeigten Ergebnisse beweisen, mit bestem Erfolg betreiben, bietet eine weitere Absatzmöglichkeit für verschiedene Arten, darunter das Quebrachoholz.

Der Schiffsbau wird eines Tages — besonders wenn die zu seiner Förderung letzthin beabsichtigten Gesetze erlassen werden — als neuer Abnehmer auftreten.

Auch der Verbrauch der durch hohe Einfuhrzölle geschützten Möbelfabriken ist nicht unbedeutend. Eine große Anzahl argentinischer Hölzer, darunter wieder das Quebrachoholz, das auch bei der Politur einen prächtigen Glanz annimmt und so dem Mahagoniholz ähnelt, eignet sich für diese Zwecke, wie letzthin wieder die um die Jahreswende 1917/18 in Buenos Aires von der Ackerbaudirektion veranstaltete Ausstellung argentinischer Hölzer und daraus verfertigter Möbel gezeigt hat, vorzüglich, wobei allerdings wichtig ist, daß das für die Verarbeitung bestimmte Holz rationell geschnitten wird, worauf bislang nicht genügend geachtet worden sein soll.

Zu den größten Möbelfabriken des Landes, an denen nach dem letzten Zensus insgesamt 794 mit 5,5 Mill. $ m/n Kapital gezählt wurden, gehören die Co. Nacional de Muebles, deren autorisiertes Kapital 1913 500 000 $ m/n und eingezahltes Kapital 350 000 $ m/n betrug, und die Thompson Muebles Ltda., die 1913 über ein Kapital von 4 Mill. $ m/n, wovon ein großer Teil sich in Händen der Firma Harrods Ltd. befand, verfügte. Daß die einheimische Möbelfabrikation noch nicht imstande ist, den gesamten Bedarf des Landes zu befriedigen, zeigt die Einfuhr, die in normalen Zeiten durchschnittlich 2 520 000 $ o/s beträgt.

Absatzmöglichkeit bietet auch die Kistenfabrikation. Die Gefrierfleischwerke, die Butterindustrie und der Obstbau gebrauchen steigende Mengen an hölzernem Verpackungsmaterial. Die wichtigsten Verbraucher sind die Gefrierfleischwerke, die meist die abgepaßten, mit der eingebrannten Marke, Inhaltsbezeichnung usw. versehenen Teile aus geruchlosem Fichtenholz, aus schwedischem oder canadischem Fichtenholz und Pappelholz zollfrei importierten, um sie selbst mit Nagelmaschinen versandfertig zu machen. Noch 1916 wurden allein für diese Zwecke 700 792 Kisten eingeführt. Ähnlich liegen die Verhältnisse für den so außerordentlich steigenden Export von Butter. Für den Fruchtversand werden meist noch die wenig praktischen geflochtenen Körbe benutzt. Im ganzen belief sich im Durchschnitt der Jahre 1909/14 die Gesamteinfuhr alljährlich auf 200 t Kisten, 1915 und 1916 wurden angesichts der verstärkten Nachfrage jedoch 1235 bezw. 1113 t eingeführt. Daß dieser Bedarf eines Tages zum überwiegenden Teil von der argentinischen Holzindustrie gedeckt werden wird, ist wahrscheinlich, zumal schon 1916 die Einfuhr von Kisten mit einem Zoll von 5 % des Wertes belegt wurde. Nach dem letzten Zensus gab es in Argentinien ungefähr 16 Kistenfabriken mit dem verhältnismäßig geringen Kapital von 70 000 $ o/s, die 114 Personen beschäftigten und 51 Pferdekräfte anwandten. Ihr Jahresumsatz wurde auf 113 000 $ m/n eingeschätzt. Während des Krieges ist die Industrie durch die starke Verteuerung des ausländischen Materials begünstigt worden. Verwendung findet besonders argentinisches Zedern- und Pappelholz. Der Verkaufspreis der Fabrikate wird ungefähr auf der gleichen Höhe wie der der importierten gehalten.

Die Verarbeitung argentinischer Holzarten zu Papiermasse wird nicht lange auf sich warten lassen. Argentinien führt alljährlich ungefähr 25 000 t Holzstoff für die Papierfabrikation im Werte von 760 000 $ o/s und dazu noch große Mengen des fertigen Produktes ein. 1915 wurden Versuche mit der Herstellung von Papiermasse aus dem Holze des araucaria imbricata, der gewaltige Flächen des Neuquénterritoriums bedeckt, mit Erfolg unternommen, wobei 1 t Masse aus $3^1/_2$ t Baumholz erzielt wurde.

Trotz seines Waldreichtums ist Argentinien also nicht in der Lage, seinen Bedarf an Holz selbst zu decken, so daß es noch zu einer bedeutenden Einfuhr schreiten muß. Die Einfuhr an Nadelhölzern, an denen das Land weniger reich ist, scheint verständlich, der Import der Laubholzarten, die es selber in bester Beschaffenheit birgt, ist allen argentinischen Volkswirten ein Dorn im Auge. Durch den Krieg hat die Verwertung der Hölzer aus den argentinischen Wäldern in allen dafür in Frage kommenden einheimischen Industriezweigen jedoch eine ungewöhnliche Zunahme erfahren. Sie werden jetzt außer für alle Arten von Möbeln auch für Parkettfußböden, Wagen- und Schiffbau verwendet.

Für die Ausfuhr argentinischer Hölzer treibt die Regierung eine rege Propaganda Noch hat der Export jedoch keinen nennenswerten Umfang erreicht.

Eine besondere Rolle spielen die Unternehmen, die die Ausbeute der Quebrachoholzbestände und der yerba maté zum Gegenstand haben. An die Nutzung der Bestände von quebracho schließt sich die Fabrikation von Quebrachoextrakt an. Der letzte Zensus gab die Zahl von 9 Quebrachoextraktfabriken mit einem Kapital von insgesamt 8,25 Mill. $ m/n an. Es sind meist großkapitalistische Unternehmen. So besitzt eine dieser Gesellschaften, die Forestal Land, Timber and Railways Co, allein 19 000 qkm Land im Chaco, verfügt also über ein Gebiet, das dem der preußischen Provinz Westfalen gleichkommt.

Argentinien führte vor dem Kriege wachsende Mengen von Quebrachoextrakt aus. Der Export belief sich in den letzten Friedensjahren im Jahresdurchschnitt auf 66 000 t im Werte von 5 Mill. $ o/s, während des Krieges stieg der Ausfuhrwert durch die starke Wertsteigerung des Produktes erheblich. Die Ausfuhr von Quebrachoholzblöcken geht dagegen seit Jahren zugunsten der Ausfuhr von Extrakt zurück. Sie belief sich durchschnittlich auf 350 000 t im Werte von 3 750 000 $ o/s.

Der besonders in den Wäldern des Misionesterritoriums vorkommende Yerba Matébaum, von dessen Anbau oben die Rede war, bildet schon seit langem Gegenstand der Ausbeute. Nachdem durch gewissenlose Unternehmer die wertvollen Bestände dezimiert waren, entschloß sich die Regierung, besondere Schutzmaßnahmen zu ergreifen. Es müssen der Erlaß der Nationalregierung von 1896, demzufolge die Nachsuchung einer Erlaubnis für die Ausbeute beim Generalsteueramt oder einem Zollamt notwendig ist, und die im Landgesetz von 1903 enthaltenen Bestimmungen berücksichtigt werden. Die Verarbeitung des Rohmateriales findet in Yerbamühlen, meist kleinen Betrieben, statt, von denen der letzte Zensus 22 mit 598 Arbeitern zählte. Sie verarbeiteten jedoch zum überwiegenden Teil das aus den Nachbarländern eingeführte Material.

Daß auch eine systematische Baumzucht stattfindet, soll hier noch erwähnt werden. Auf den Inseln des Paranádeltas und denen des südlichen Teiles der Provinz Entre Rios am sogenannten „brazo largo" werden Pappeln angepflanzt, die auf dem fetten, feuchten Boden ausgezeichnet wachsen und bei geringer Kapitalanlage und wenig Arbeit einen hohen, sicheren Gewinn abwerfen.

Die vom früheren Minister José Tomas Sojo veranlaßten Versuche, die acacia mollissima zur Gerbstoffgewinnung aufzuziehen, sind sehr befriedigend ausgefallen. Die Rinde ergab 22 % Tannin. Die Ausbeute der Vorkommen dieser Akazienart bietet gegenüber der Quebrachoholzverwertung den Vorteil der leichteren Gewinnung der Gerbsäure aus der Rinde und der Verwendung des Holzes zu Brennholz, Pfosten und Telegraphenpfählen.

Der Bergbau

Die Ausbeute der Bodenschätze Argentiniens ist, verglichen mit der Nutzbarmachung der übrigen Produktionskräfte des Landes, nur unbedeutend.

Vorkommen von Mineralien sind dabei besonders in den Cordilleren und den diesen vorgelagerten Gebirgszügen nicht selten.

Die wichtigsten Provinzen und Territorien, die nennenswerte Bodenschätze und eine Minenindustrie aufweisen, seien hier genannt:

In dem Territorium Feuerland finden sich ebenso wie im Territorium Santa Cruz Goldstaub und Goldkörner an der atlantischen Küste, die besonders nach den dort häufigen Stürmen zutage treten und in kleineren Betrieben gewonnen werden. Versuche, größere Goldwäschereien mit Baggerbetrieb einzurichten, haben nach Schmidt und Grotewold keine besonderen Ergebnisse gezeitigt. Auf Feuerland finden sich ferner ausgedehnte Torfmoore und Braunkohlenlager, deren Ausbeute geplant wird. Salz wird in Santa Cruz gewonnen, wo letzthin auch Kohlevorkommen Beachtung gefunden haben.

Das Territorium Chubut zeichnet sich durch bedeutende Petroleumquellen, von denen noch eingehender die Rede sein wird, aus. Der Chubutfluß führt Goldsand, der vermutlich von Auswaschungen aus den Cordilleren herrührt. Die Salzlager der Halbinsel Valdéz, der Salinas Chicas bei Bahia Blanca sowie Granitlager werden dort erfolgreich abgebaut.

Im Río Negro-Territorium wird Gips und Kalk gewonnen.

Weit reichhaltiger als die genannten Gegenden ist das Territorium Neuquén. Es weist Goldlager in der Cordillera del Viento, die seit Jahren von einer Anzahl größerer Gesellschaften erfolgreich ausgebeutet werden, ferner Kupfer, Silber, Steinkohle und Petroleum auf.

In dem Territorium Pampa Central sind im Distrikt Lihuel Calel Kupferminen bekannt.

In der Provinz Buenos Aires werden die bedeutenden Steinbrüche von Tandil ausgebeutet.

In der Provinz Mendoza kommen Petroleum, Asphalt, Steinkohle, Kupfer, Goldquarz, Schwefel, Marmor, Alabaster und Schiefer vor.

Die Provinz Córdoba zählt zu den mineralreichsten Argentiniens. Es wird dort Kalk, Salz, Glimmer, Wolfram, Silber und Gold gewonnen. Wolfram findet sich bei Guasapampa, Salsacate, Ambul, Pocho, an dem Cerro de la Puerta, de la Argentina und bei Transito; Silber und silberhaltiger Bleiglanz kommen vor bei Guiaco, Capilla del Monte, Calamuchita und Rosario de San Marco; Gold und Goldquarz bei Candelaria, Capilla del Monte, Transito, Calamuchita, Colon; Kupfer und Blei bei Capilla del Monte, Salsacate, Ambul, Colon; Glimmer, Eisen und Flußspat bei San Roque, Calamuchita und Alta Gracia; Salz in den Salinas Grandes. Im Departement Sobremonte wurde 1918 auch Mangan entdeckt, und 1919 wurde die Auffindung weiterer bedeutender Lager von Glimmer und auch Asbest in verschiedenen Teilen der Provinz gemeldet.

Die gegenwärtig für die Ausbeute wichtigsten Distrikte sind die von Malagueño und Caleta.

In der Provinz San Luis wird besonders Wolframerz gewonnen. Die wichtigste Mine fördert monatlich ca. 60 t und beschäftigt 500 Arbeiter. Außerdem sind reichliche Vorkommen an Kupfer, goldhaltigem Sande, Zink, Glimmer, Kohle und Blei festgestellt. In einem bedeutenden Steinbruch wird grüner Onyx gewonnen, der in Europa als brasilianischer Onyx bekannt ist.

In der Provinz San Juan sind Goldquarz-, Silber-, Kupfer-, Antimon-, Schwefel-, Asbest- und Asphaltvorkommen bekannt.

In der Nachbarprovinz La Rioja ist der Bergbau besonders in der Sierra de Famatina weit kräftiger entwickelt. Es findet sich dort Gold, Silber, Kupfer, Blei und Wolfram. Gegenwärtig wird besonders Silber, Kupfer und Blei im Distrikt von Famatina und Guandacol, wo auch Arsenik gefunden worden ist, gewonnen. Der Betrieb der wichtigsten Kupfergruben und Schmelzen, die sich in Chilecito befinden, wurde 1914 eingestellt, jedoch 1918 infolge des hohen Kupferpreises wieder aufgenommen.

Die Provinz Catamarca weist ebenfalls bemerkenswerte Minenschätze und zwar besonders in den Distrikten von Tinogasta, Belen, Andalgalá und Ambato Glimmer, Wismut, Zinn, Gold, Silber, Kupfer, Eisen, Platin, Nickel, Asbest, Kaolin, Kohle, Salz, Borax und Kalk sowie bei Santa Maria Granaten und Rubinen auf. Zu den schon bekannten Kupfervorkommen wurden 1917 im Departement Andalgalá noch weitere entdeckt.

In den Provinzen Salta und Jujuy sind Vorkommen von

Gold, Silber, Kupfer, Borax, Braunkohle und Petroleum bekannt. Die Ausbeute von Borax wird in dem Distrikt Tres Marros, der Provinz Jujuy betrieben. Kupfer und Gold werden ebenfalls gewonnen.

Die Provinz Tucumán weist Silber- und Kupfererzlager auf. Im Andenterritorium sind bedeutende Bodenschätze wie borsaurer Kalk in der Puna de Atacama, Gold, Silber, Kupfer, Zink, Zinn, Antimon und Schwefel festgestellt und befinden sich teilweise in Ausbeute.

Reich an Mineralien ist auch das Territorium Misiones. Dort kommen Kupfer, Eisen und Mangan vor. Während des Krieges wurden nahe Posadas bei Tiefbohrungen bislang unbekannte Lager von Kupfererzen entdeckt, die als zukunftsreich bezeichnet werden.

Der Abbau der argentinischen Bodenschätze ist schon, wie eine Anzahl verfallener Minen zeigt, zu Zeiten der spanischen Herrschaft besonders durch die Jesuiten und Aragonier in primitiver Weise betrieben worden. Heute werden vor allem Granit-, Kalk-, Borkalk, Onyx-, Marmor-, Salz- und Gipslager, ferner Wolfram-, Zinn-, Kupfer-, Silber- und Bleierz- sowie Glimmervorkommen ausgebeutet.

Die Ausfuhr der Minenerzeugnisse hält sich noch in sehr beschränkten Grenzen. Sie gestaltete sich wie folgt (in $ o/s):

1912	285 272
1913	194 690
1914	83 871

1914 sind nach der amtlichen argentinischen Bergwerksstatistik folgende Mengen bergwerklicher Erzeugnisse aus Argentinien exportiert worden (in kg):

Wolframerze	409 080	Gips	73 246
Borkalk	613 253	Kalk	52 720
Zinnerze	6 359	Salz	226 400
Onyx	227 600	Glimmer	529

Im gleichen Jahre wurden von den argentinischen Eisenbahnen folgende Mengen bergbaulicher Erzeugnisse befördert: Bruchstein 1 299 971, Kalkstein 130 624, Kalk 97 497, Salz 63 894, Sand 18 705, Borkalk 1 978, Silber, Blei, Kupfer 522, Steinkohle 284, Marmor 141, Blei 120, Salpeter 70, Schwefel 31, Wolfram 2, zusammen, einschließlich nicht besonders bezeichneter Erze, 1 618 382 t.

Günstig hat sich in den letzten Jahren nach vorübergehender Einstellung die Ausfuhr von Glimmer entwickelt. Die Ausfuhr gestaltete sich wie folgt (in lbs):

1912	14 335	1915	—
1913	14 178	1916	14 033
1914	725	1917	139 045

Die Hauptabnehmer waren 1917 England mit 71 012, die Vereinigten Staaten mit 52 470, Italien mit 12 099 und Spanien mit 2 809 lbs.

Im allgemeinen sind die Schwierigkeite , die sich einem rationellen Minenbetrieb entgegenstellen, noch recht groß. Meist liegen die Vorkommen in Gegenden, die noch nicht an das Bahnnetz angeschlossen sind. Karren-, Maultier- und Lamatransporte erhöhen die Unkosten stark. Bezeichnend ist, daß letzthin sogar der Transport auf Flugzeugen ernstlich erwogen worden ist. Ferner liegen die Fundorte meist in öden, unfruchtbaren Landesteilen, fern jeglicher Zivilisation, in einer Höhe über dem Meeresspiegel, die jegliche Arbeitsleistung sehr erschwert. Auch der Beschaffung von Arbeitskräften stellen sich gewöhnlich Schwierigkeiten entgegen. Viele hoffnungsfreudige Unternehmer sind an diesen Nachteilen zugrunde gegangen, zumal es oft auch an den nötigen Fachkenntnissen gefehlt hat und Minen angelegt worden sind, deren Abbaufähigkeit zu optimistisch beurteilt wurde und die Anschaffung wertvoller, durch den Transport vom Hafen bis zur Mine stark verteuerter Maschinen nicht rechtfertigte. Jedenfalls sind bedeutende Mittel, wie sie meist nur kapitalkräftigen Gesellschaften zur Verfügung stehen, für den Minenbetrieb notwendig.

Außer argentinischem Kapital hat sich besonders chilenisches, englisches, französisches, belgisches und deutsches an der Ausbeute beteiligt. In den letzten Jahren hat sich ein wachsendes Interesse der Nordamerikaner bemerkbar gemacht.

Die Bestimmungen über die Erforschung, Schürfung, Mutung, Konzession und Ausbeute von Minen, sind in dem Berggesetz von 1886 enthalten, das für die ganze Republik Gültigkeit besitzt, da der Verfassung gemäß die auf das Bergrecht bezügliche Gesetzgebung als Angelegenheit des Nationalstaates den Provinzen entzogen ist. Dem Gesetze zufolge sind Prospektierungsarbeiten überall erlaubt, der Entdecker hat jedem anderen Anspruch gegenüber das Vorrecht. Die Erteilung der Konzession erfolgt auf eine Einreichung eines von Erzproben begleiteten Gesuches in doppelter Ausfertigung an die nächste Behörde nach Prüfung der Angaben. Besondere Abgaben werden weder auf den Besitz noch das geförderte Erz erhoben. Nach den bis 1917 geltenden Bestimmungen verlor der Besitzer das Recht auf die Mine, wenn sie nicht mindestens 230 Tage lang durch 4 Arbeitskräfte bearbeitet würde. Im September 1917 sanktionierte der Kongreß die Abschaffung dieser Verpflichtung. Die Abänderung hat jedoch keine rückwirkende Kraft.

Interessenten erhalten über die angemeldeten und in Betrieb befindlichen Minen genaue Auskunft durch das nationale Bergamt in Buenos Aires (Division de minas y geologia), eine Abteilung des Ackerbauministeriums, die unter der Leitung des Direktors Hermitte steht. Im Anschluß an die Nutzung der Bodenschätze seien hier noch einige in engerem oder entfernterem Zusammenhang damit stehende Industriezweige genannt.

Zahlreich sind die Ziegelbrennereien, von denen der letzte Zensus 1281 mit 6,2 Mill. $ m/n zählte. An Kalkbrennereien waren 116 mit 3,5 Mill. $ m/n, an Zementwerken 15 mit 403 000 $ m/n Kapital vorhanden. Die Zementherstellung ist seit einigen Jahren verstärkt aufgenommen worden. Zu den bedeutendsten in Sierras Bajas an der Südbahn gelegenen Werken sollte 1918 in Olavarria ein weiteres durch ein nordamerikanisches Syndikat mit 2 Mill. $ o/s Kapital gebildetes treten. Mosaiksteine wurden in 149 Werken mit 2 Mill. $ m/n hergestellt. An Glasfabriken gab es 17 mit 2,9 Mill. $ m/n. Auch die Herstellung von Sandstein, Steingut und Töpferwaren wird betrieben.

Die Petroleumausbeute

Erdölvorkommen sind in Argentinien schon seit mehreren Jahrzehnten in verschiedenen Teilen der Republik bekannt. Die Entwicklung der aufblühenden Petroleumindustrie datiert jedoch erst seit dem 13. Dez. 1907, als im Laufe von Untersuchungen, die von dem Amt für Minen, Geologie und Hydrologie systematisch angestellt wurden, gelegentlich einer Bohrung nach Wasser an der Küste des Territoriums Chubut in einer Tiefe von 535 m, 3 km von dem kleinen Ort Comodoro Rivadavia entfernt, ein Petroleumlager entdeckt wurde.

Die Entwicklung, die seit jenem Jahre die Förderung aus diesen an der Küste des Atlantischen Ozeans so günstig gelegenen Quellen von Comodoro Rivadavia genommen hat, berechtigt zu großen Hoffnungen.

Es gestaltete sich die Ausbeute wie folgt (in t):

1911	1 926	1915	75 900
1912	6 860	1916	116 000
1913	19 050	1917	130 000
1914	40 530	1918	200 000

Was diese Petroleumausbeute für Argentinien, das jüngste in der Reihe der Erdöl ausbeutenden Länder der Welt, bedeutet, wird verständlich, wenn man sich erinnert, daß abbauwürdige Vorkommen von Kohle und anderen mineralischen Brennstoffen nur in geringer Menge vorhanden sind. Die Torfvorkommen besonders auf Feuerland spielen noch keine bemerkenswerte Rolle. Das aus dem Norden stammende Brennholz ist wohl für Feuerungszwecke in größerem Umfange geeignet, kommt aber seines verhältnismäßig geringen Heizwertes und der hohen Frachtkosten wegen im wesentlichen in normalen Zeiten nur für den Norden in Betracht. So ist Argentinien darauf angewiesen, seinen Bedarf an Brennstoff ganz überwiegend aus dem Auslande zu beziehen, und dieser macht den weitaus wertvollsten Posten unter allen Einfuhrartikeln aus. Allein an Kohle und Koks belief sich der normale Einfuhrbedarf auf über 4 Mill. t im Werte von über 28 Mill. $ o/s, die zum größten Teil nach England und den Vereinigten Staaten flossen. Dazu kam noch eine starke Einfuhr von Petroleum, von dem für 8 Mill. $ o/s Rohpetroleum und für ca. 6 Mill. $ o/s Leuchtöl, durchweg aus den Vereinigten Staaten importiert wurden. Es ist verständlich, daß Argentinien die Befreiung aus dieser, sowohl in Kriegszeiten wie den soeben verflossenen als bei Streiks in den Lieferungsländern, wie z. B. dem der englischen Bergleute von 1912, gefährlichen Abhängigkeit erstrebt.

Dem einheimischen Petroleum bietet sich somit ein weites Feld, und es ist ihm auch seit 1914, als es zuerst in größeren Mengen dem Konsum geliefert wurde, schnell gelungen Absatz zu finden, der durch die Kriegsverhältnisse noch angeregt wurde.

Die Zusammensetzung des Petroleums aus Comodoro Rivadavia macht es besonders für Feuerungszwecke geeignet.

Es handelt sich um ein asphaltisches Öl, dessen durchschnittliche Dichte mit 0,920 angegeben wird, das arm an flüchtigen Stoffen und praktisch frei von Schwefel und Phosphor ist. Der Wassergehalt übersteigt nie 1 %. Durch Destillation bei 220° C erhält man ein Produkt, dessen Entzündungspunkt bei 102° C liegt und ein ausgezeichnetes Öl für Schiffskessel gibt. Es kann direkt zur Kesselfeuerung und im Dieselmotor verwandt werden. Das Rohöl entwickelt 10 860—10 890 Wärmeeinheiten in der Mahlerschen Bombe, also nur 140 weniger als das Maximum und kann somit als erstklassig bezeichnet werden. Die Heizkraft ist 50 % größer als die der Kohle. 100 000 t Rohöl entsprechen 150 000 t Kohle.

Für Leuchtöl kommt es weniger in Betracht, da die Destillation und Raffinierung ein Rendement von nur 10 % daran ergibt (gegen 40 % in Baku und 70 % in Pennsylvania). Dabei muß allerdings bedacht werden, daß die Bohrungen erst verhältnismäßig geringe Tiefen erreicht haben und daß gerade in den größeren Tiefen die an flüchtigen Stoffen reicheren Öle angetroffen werden.

Das einheimische Produkt wird von den Werken der italienischen Elektrizitätsgesellschaft in Buenos Aires und zum Teil auch von der Deutsch-Überseeischen Elektrizitätsgesellschaft als Feuerungsmaterial verwandt. Es findet weiter in den Gefrierfleischwerken, Mühlen, auf den Eisenbahnen, besonders den patagonischen Staatsbahnen, in der Flußschiffahrt, in der Kriegsmarine steigende Verwendung und wird sich jedenfalls bald viele andere Möglichkeiten, besonders im Küstengebiet, erobern. Um seinen gesamten ausländischen Kohlen- und Petroleumbezug durch das einheimische Produkt zu ersetzen, wären davon $2^1/_2$—3 Mill. t notwendig. Bei der gegenwärtig erreichten Ausbeute von ca. 150 000 t bleibt der Industrie also ein weites Betätigungsfeld, das auch noch groß genug bleiben wird, wenn sich, wie beabsichtigt, in wenigen Jahren die Ausbeute auf 300 000 t steigern läßt. Wie groß die Förderungsmöglichkeit aus der Zone ist, läßt sich natürlich kaum schätzen. Einige Fachleute rechnen mit einer Anhäufung von 930 Mill. cbm, andere mit 1000 Mill. cbm in Comodoro Rivadavia allein, andere dort wieder mit 130 000 t je ha, was auf 1000 ha 130 Mill. t ausmachen würde. Alle diese Berechnungen sind jedoch problematischer Natur, da erst ca. 300 ha bis zu relativ geringer Tiefe angebohrt worden sind. Jedenfalls sind die Vorkommen praktisch in absehbarer Zeit unerschöpflich.

Die Frage nach der Form der Ausbeute der Petroleumschätze von Comodoro Rivadavia ist dahin zu beantworten, daß sie größtenteils dem privaten Kapital verschlossen gewesen ist, ohne daß sich die künftige Entwicklung bestimmt voraussagen ließe. Unmittelbar nach der Entdeckung der Ölfelder von Comodoro Rivadavia im Dezember 1907 behielt sich die Nationalregierung die Ausbeute in einem Umkreise von 25 km um den Fundort vor, für die die Bestimmungen des Minengesetzes hinfällig wurden, und begann mit weiteren Bohrungen. Nach den günstigen Anfangserfolgen, welche die Abteilung für Hydrologie des Bergamtes dabei erzielte, beschloß die Regierung 1910, die Ausbeute endgültig in ihre Hand zu nehmen und ernannte im Dezember des Jahres eine Betriebskommission, aus der später die Generalbetriebskommission hervorging.

Das Gesetz Nr. 7059 vom September 1910 setzte das reservierte Areal auf 5000 ha fest, innerhalb dessen für die nächsten 5 Jahre, einen Zeitraum, der 1915 durch Kongreßbeschluß auf weitere 5 Jahre verlängert wurde, keine Schürfkonzessionen erteilt werden sollten, und ermächtigte die Regierung, die Quellen in Regie auszubeuten, wofür anfangs 500 000 $ ausgeworfen wurden, sowie auch Parzellen von 625 ha in öffentlicher Ausschreibung an Privatgesellschaften zu verpachten. Die Regierung entschloß sich für die staatliche Ausbeute.

Für den Rest der ursprünglich im Umkreis von 25 km um den ersten Fundort reservierten Zone trat das Minengesetz in Kraft, auf Grund dessen verschiedene Konzessionen beantragt und bewilligt wurden. Da sich jedoch herausstellte, daß bestimmte Unternehmer mit monopolistischer Tendenz in spekulativer Absicht für riesige Gebiete Konzessionen erwarben, ohne an deren ernsthafte wirtschaftliche Erschließung zu denken, wodurch andere daran verhindert wurden, entschloß sich die Regierung durch Dekret vom Mai 1913, die Erteilung weiterer Konzessionen in einer Zone, die der ersten von 25 km ungefähr gleichkam, auszuschlagen, so daß das Minengesetz für das betreffende Gebiet gleichermaßen von neuem aufgehoben wurde. Das reservierte Areal erstreckt sich nun vom Pico Salamanca im Norden bis zur Nordgrenze des Territoriums Santa Cruz im Süden. Gleichzeitig wurden alle Konzessionen, die einer Prüfung nach den Vorschriften des Minengesetzes nicht entsprachen, für ungültig erklärt und in der Zone bestehende nach Ablauf nicht erneuert. Eine Folge davon war der Zusammenbruch des spekulativen Gulf Oil Syndicate, das nicht imstande war, auf seinen ungeheuren Konzessionen über 80 000 ha erfolgreiche Bohrungen aufzuweisen. Obgleich die staatliche Ausbeute in Comodoro Rivadavia erfolgreich fortgesetzt wurde, wurde bald die Frage, ob dem staatlichen Betriebe die private Form der Ausbeute vorzuziehen sei, erwogen.

Ein Mitte 1914 dem Kongreß übermittelter Gesetzesvorschlag, der die Nutzbarmachung des privaten Kapitals und der privaten Initiative vorsah, wurde infolge des Weltkrieges, der die Abschließung der wichtigsten Kapitalmärkte mit sich brachte, undurchführbar, und Mitte 1916 äußerte sich die Regierung dahin, daß die zur Nutzbarmachung der Ölfelder nötigen Mittel weiter durch den Staat beschafft werden sollten und die Verwaltung durch Gesetzgebung geregelt werden müsse. Dieser Entwurf forderte gleichzeitig zur besseren Ausnutzung der vorhandenen Lager einen Betrag von 16 Mill. $ m/n, was eine erhebliche Vergrößerung der investierten Mittel, die sich bislang auf 6,8 Mill. $ m/n belaufen hatten, bedeutet hätte. Die Kommission der Deputiertenkammer empfahl das Projekt, und bald darauf wurde vorschußweise dem Petroleumausbeutekomitee von Comodoro Rivadavia durch den Finanzminister der Betrag von 750 000 $ m/n zur Beschaffung von Hilfsmitteln angewiesen. Im Frühjahr 1917 ermächtigte der Kongreß dann die Regierung, die angeforderten 16 Mill. $ m/n für die Erweiterung der Ausbeute zu verwenden.

Wie die Produktionsangaben der letzten Jahre zeigen, ist seitdem die Ausbeute kräftig vorwärts geschritten. Es besteht also auch weiterhin in Comodoro Rivadavia der Staatsbetrieb, und angesichts der staatssozialistischen Tendenzen, die seit längerer Zeit unverkennbar sind, ist auch kaum Aussicht auf eine Änderung dieser Politik vorhanden, zumal gegen jegliche private Ausbeute der Einwand der Gefahr einer Trustbildung erhoben und weiter der Umstand angeführt wird, daß die private Ausbeute meist unsystematisch vorgeht, da sie mit einem Male eine überreiche Produktion erstrebt, wodurch erfahrungsgemäß eine Schädigung der Ablagerungen herbeigeführt werden kann, die eventuell bis zu 70 % Ausbeuteverlust zur Folge hat.

Außerhalb der staatlichen Reservatzone von Comodoro Rivadavia, wo sich reiche Petroleumfelder bis zum Rio Chico erstrecken, hat jedoch das Privatkapital Betätigung gefunden.

Dort sind im Laufe der Jahre einer ganzen Anzahl (8) von Gesellschaften Konzessionen erteilt worden.

Es kommen in großen Umrissen nach rein politisch-geographischen Gesichtspunkten noch folgende Gebiete für die Petroleumgewinnung in Betracht: Die Territorien Neuquén und Río Negro, die Provinz Mendoza sowie die Provinzen Salta und Jujuy, ferner in zweiter Linie die Provinzen Buenos Aires und Santa Fé. Die Erdölvorkommen dieser Gebiete sind erst zum kleinsten Teile geologisch erforscht und wirtschaftlich ausgebeutet.

Das am Fuße der Anden gelegene Territorium Neuquén scheint besonders aussichtsreich zu sein. Schon die ausgedehnten Lager an „Rafaelit", einem asphaltähnlichen, zur Gruppe der Hydrocarbure gehörigen Oxydationsprodukt des Petroleums von der starken Heizkraft von 9000 Kalorien, östlich der Sierra Auca Mahuída zwischen dem Oberlauf des Río Colorado und dem Río Neuquén, lassen auf Petroleumvorkommen schließen. Es sind dort auch erfolgreiche Bohrungen unternommen worden. Weiter nach Westen ist noch die Zone zwischen dem Río Neuquén und dem Arroyo Picun Leufu als petroleumführend bekannt. Ferner kommt hier noch das Gebiet in Betracht, das im spitzen Winkel, den der Limay mit dem unteren Neuquén bildet, liegt. Weiter sind noch zu nennen die Vorkommen von Cerro Lotena, Covuncó, Río Barrancas Challacó. Im Oktober 1915 wurden an der Bahnlinie von Neuquén nach Zapala in Chayaco Spuren von Erdöl gefunden, und im Herbst 1918 wurde ein Erdölvorkommen im Distrikt von Huincul in der Nähe der Strecke Challacó-Ramón M. Castro der Südbahn in 603 m Tiefe angetroffen. Die industrielle Verwertung dieser sichtbar zutage tretenden Vorkommen von Neuquén hat bislang — wie Fachleute behaupten — infolge mangelnden Sachverständnisses und ungenügender Mittel keine größere Entwicklung genommen. Die Transportverhältnisse haben sich durch den Bau der Bahn von Bahía-Blanca nach der chilenischen Grenze ganz wesentlich verbessert.

Die Minenrechte des oben angeführten Asphaltlagers gehören — so hieß es 1913 — einer Gruppe argentinischer und chilenischer Persönlichkeiten, denen es gelungen sein soll, die Königlich holländische Petroleumgesellschaft im Haag für die Ausbeute zu interessieren.

Unter anderen Unternehmern haben sich in Neuquén besonders die Chilenen rührig gezeigt. 1916 erhielten chilenische Persönlichkeiten Konzessionen nahe der Mündung des Río Limay in den Lago Nahuel Huapí und 6—7 km von diesem See entfernt am Niriguaflusse. Im gleichen Jahre wurden ebenfalls an Chilenen Konzessionen über 2000 ha bei San Carlos de Bariloche am Lago Nahuel Huapí erteilt. Von dort war der Transport nach Puerto Montt in Chile geplant. Am Cerro Lotena arbeitete 1908/10 das Neuquén Oil Syndicate, dessen Bohrungen jedoch nicht über eine Tiefe von 40 m hinauskamen.

Auch das Río Negro-Territorium weist, besonders im Tal des gleichnamigen Flusses, Petroleumvorkommen auf.

Wichtiger sind jedoch die Provinzen Jujuy und Salta. Die dort bisher angestellten geologischen Untersuchungen ergaben die Wahrscheinlichkeit des Vorhandenseins einer Petroleumzone, die sich von Perico (südöstlich der Provinzialhauptstadt Jujuy, nahe der Grenze) und der Provinz Salta über Embarcación bis an die bolivianische Grenze (Yacuiba oder Yacuiva) und von dort bis in das Zentrum Boliviens erstreckt. Auf dieser Linie liegen die seit langem bekannten Vorkommen am Río de San Francisco, nahe Ledesma, Laguna de la Brea sowie bei Garrapatal, Jujuy, Orán, Tartagal und Aguaray (Salta). In dem nördlichen Teil dieser Zone tritt das Petroleum vielfach in Form von Quellen an die Oberfläche; wo es erbohrt wird, zeigt es eine sehr reine Qualität, die weder der rumänischen noch der nordamerikanischen nachsteht. 1913 betrug dort die tiefste Bohrung 200 m. Abseits von dieser Zone, im Norden der Provinz Jujuy, fand schon Dr. Brackebusch Erdöl auf der Puna von Jujuy zwischen Tres Cruces und Javi, 4000 m über dem Meeresspiegel. Große Bohrungen sind dort jedoch nicht in Betrieb.

Am rechten Ufer des Río San Francisco, gegenüber von Ledesma, arbeitet die Gesellschaft El petróleo argentino auf 8 ihr gehörenden Konzessionen von 4000 ha. Die gleiche Gesellschaft arbeitete seit etwa 1910 an der Luguna Brea, anscheinend mit befriedigendem Erfolg. Bei Orán begann im Januar 1908 eine Gesellschaft ihre Arbeiten; dort soll sich auch ein staatlicher Reservatsbezirk befinden. Auch in Tartagal sind Bohrungen unternommen worden, die schon bei 30 m Tiefe Ergebnisse zeitigten. 1914 hieß es, daß das Farquharsyndikat in der Provinz Salta mit zwei Bohrtürmen arbeite. Nach dem Urteil des argentinischen Regierungsgeologen Dr. Guido Bonarelli, der die Gebiete zwischen Río Bermejo und der bolivianischen Grenze besonders erforscht hat, würde die Sierra de Aguaragua in Salta richtig aufgeschlossen ein Ölfeld darstellen, wie es in dieser Ausdehnung bislang nicht seinesgleichen hat.

In der Provinz Mendoza finden sich die ersten Anfänge einer Petroleumindustrie. Fast in der ganzen Grenzzone, in der die sogenannte Pampa del Medio in die gewellten Vorstufen der Cordilleren übergeht, finden sich eine Reihe von Asphaltvorkommen, die dort eine von Nord nach Süd ziehende Petroleumzone vermuten lassen. Besonders bei folgenden Punkten tritt dort Petroleum zutage: 1. Cerro Brea, am Südufer des Río Diamante, westlich von Las Ancas, 2. Cerros de los Buitres und del Alquitrán, etwa 145 km südwestlich von San Rafael, 3. Cerro Brea am Südufer des Río Atuel, gegenüber der Einbuchtung des Arroyo de la Manga, 4. Rincón de la Brea, westlich von Villa Betrán oder Cañada Colorada.

Davon sind bislang nur die Cerros de los Buitres und del Alquitrán von der Gesellschaft El petróleo argentino (Mendoza) ausgebeutet worden. Für den Cerro de la Brea wurden 1909 Schürfungsrechte erteilt. Dort stieß man bei einer zweiten Bohrung schon in 300 m Tiefe auf eine Quelle, die 2 cbm täglich lieferte.

Die Distrikte von Cacheuta und San Rafael wurden schon 1887/90 durch die Compañia Mendozina de petróleo, bis die Quellen versiegten, bearbeitet. 1908 wurde ihre Ausbeute von dem Argentine Western Petroleum Syndicate, scheinbar jedoch ohne größeren Erfolg, wieder aufgenommen. 1914 wurden im Departement San Carlos auf dem fiskalischen Kamp La Calaberita (od. Calabezita) Petroleumvorkommen entdeckt. Es bildete sich dort nach erfolgreichen Bohrungen bei Tunuyán an der Pacificbahnlinie die Co. Petrolífera Tunuyán.

Auch in der Provinz Buenos Aires sind Petroleumvorkommen festgestellt. So wurden 1913 nahe Argerich, an der Bahn Bahía-Blanca—Río Colorado und an der gleichen Linie im selben Jahre bei Algarrobo, ferner 1915 bei Villareno, drei Meilen von Algarrobo entfernt, Spuren von Erdöl entdeckt.

In der Provinz Santa Fé wurden 1913 in ihrem nördlichen Teile bei San Cristóbal, an der Central Nortebahn, in 317 m Tiefe Funde von Erdöl sehr guter Beschaffenheit gemacht.

Am aussichtsreichsten aber scheint die patagonische Region zu sein, wo sich, ebenso wie an der vortertiären Küste der Chaco-Ebenen, in denen die Lagerungsverhältnisse viel weniger als in der subandinen Zone gestört sind, vermutlich große Vorkommen finden, die noch der näheren Untersuchung harren. Diese Zone verdient nach der Äußerung eines Fachmannes die bevorzugte Beachtung des privaten Kapitals, nicht nur wegen der günstigen tektonischen Bedingungen, sondern auch wegen der günstiger als bei den übrigen Gebieten liegenden Transportmöglichkeiten.

Daß sich außer in den aufgeführten Gebieten noch in anderen Gegenden des Landes Petroleumlager befinden, wird angenommen:

Es ist verständlich, daß für Untersuchungen, die zum Zwecke wirtschaftlicher Ausbeute unternommen werden, vor allem wissenschaftliche und technische Kenntnisse sowie praktische Erfahrung Vorbedingung sind. Die Bohrungen erfordern ferner immer reichliche Mittel. Nach dem Urteil des deutschen Bergingenieurs Heinrich Wodak, das allerdings schon 1909 gefällt wurde, bedürfte es eines Kapitals von 250 000 $ m/n für ein Unternehmen, das im ersten Jahre mit einer Bohreinrichtung arbeiten will und während dieses Zeitraumes nur die Hälfte seiner Mittel anlegt. Der Gewinn wurde unter bestimmten Voraussetzungen auf 200 000 $ m/n berechnet. „Bestimmte Voraussetzungen“ dürften in diesem Falle das glückliche Ergebnis einer Bohrung sein. Daß auch bei einer solchen für eine Rentabilität des Unternehmens in erster Linie die Transportmöglichkeit nach den Verbrauchsorten maßgebend ist, braucht nicht betont zu werden.

Die die Ausbeute von Erdölvorkommen regelnde Gesetzgebung ist noch nicht abgeschlossen. Ursprünglich galt auch für sie das Berggesetz. Dieses, in einer Zeit verfaßt, als noch nicht an die Möglichkeit einer wirtschaftlichen Ausbeute von Erdölvorkommen gedacht werden konnte, spricht nur von „mineralischen Brennstoffen“ und berücksichtigt nicht die Eigenheiten der Petroleumindustrie. Daß die gesetzlichen Bestimmungen einer Reform bedürfen, ist schon seit Jahren erkannt. Ein Mitte 1913 über den Gegenstand dem Kongreß zugestellter Gesetzentwurf der Regierung, ein Exposé des Ackerbauministers Dr. Mujica vom Mai 1914 und ein weiterer Gesetzentwurf über den Gegenstand aus dem Frühjahr 1916 sind ohne endgültigen Beschluß geblieben. Vorläufig steht also noch die geplante Gesetzgebung zur besonderen Regelung der Petroleumausbeute aus.

Was die R o h p e t r o l e u m v e r a r b e i t e n d e n I n d u s t r i e n anbelangt, so sind sie bislang nur wenig entwickelt. Eine Raffinerie, die mit nordamerikanischem Kapital arbeitet — die von Campana am Paranáfluß — besteht schon seit längerer Zeit. Sie verarbeitete früher meist eingeführtes Rohpetroleum.

In Comodoro Rivadavia sollte 1913 eine Raffinerie eingerichtet werden, deren tägliche Leistungsfähigkeit auf 100 cbm berechnet war. Besonders scheint dabei auf die Extraktion der flüchtigen Stoffe abgezielt worden zu sein, um das Produkt bei der Verwendung auf Kriegsschiffen gefahrlos zu machen. 1917/18 machte der Vorsteher des Arsenals am Río de la Plata an den Marineminister den Vorschlag, die Regierung solle eine staatliche Petroleumraffinerie in Río Santiago bei Buenos Aires mit einem Kapital von 1½ Mill. $ m/n errichten. Der Reingewinn wurde auf einen hohen Betrag errechnet. Da jedoch das bislang ausgebeutete Produkt arm an flüchtigen Stoffen ist und das Erdöl in erster Linie für Feuerungszwecke in Betracht kommt, ist die Notwendigkeit der Errichtung eines derartigen Betriebes nicht dringlich und dürfte erst bei stärkerer Ausbeute aktuell werden.

Die Fischerei

Sowohl die Binnen- als auch Küsten- und Hochseefischerei ist in Argentinien verhältnismäßig nur wenig entwickelt, obgleich in den Binnengewässern und an der Meeresküste zahlreiche für wirtschaftliche Ausbeute geeignete F i s c h a r t e n vorkommen. Die wichtigsten darunter in den Flußläufen und Seen sind der dorado, die trucha, der Rochen, der Karpfen und der pacú. An der ausgedehnten Meeresküste, den Buchten, Lagunen und den Flußmündungen kommen Heringe, Sardinen, Rochen, Seezungen, Makrelen, corvinas, palometas und borotas vor. Außer den Fischen sind Fischottern in den ausgedehnten Flußläufen häufig. Austernbänke gibt es an der atlantischen Küste. Robben und Pinguine sind auf den Inseln des äußersten Südens anzutreffen. Wale kommen in den argentinischen Gewässern vor.

Seit 1904 bemüht sich die Regierung, die Fischbestände in den Flüssen und Seen des Binnenlandes zu vermehren. Besonders im Lago Nahuel Huapí sowie im Río Cicerone wurden in ihrem Auftrage durch ausländische Fachleute Fischbruten ausgesetzt und in der Mündung des Río Santiago Austernbänke angelegt. Die diesbezüglichen Arbeiten unterstehen der Oficina de fomento de la pesca, einer Unterabteilung des Ackerbauministeriums.

Die rationelle Ausbeute der heimischen Bestände durch die Binnenfischerei ist bislang nur sehr gering entwickelt gewesen, sie beschränkte sich im wesentlichen auf die Ausnutzung des La Platastromes und des Paraná durch kleine Fischerfahrzeuge.

Was die Küstenfischerei anbetrifft, so konnte sie infolge gesetzlicher Bestimmungen in argentinischen Gewässern bislang nur vom Norden bis zur Mündung des Río Negro betrieben werden. Ihr Hauptsitz ist Mar del Plata, wo sich die einzige Stelle an der so ausgedehnten Küste befindet, die eine Fischerbevölkerung aufweist. Der Fang ist dort Gegenstand kleiner Betriebe.

Der Transport geschieht in Kühlwagen auf der Eisenbahn nach Buenos Aires. 1915 gelangten täglich von dort 12—15 t frischer Fische nach der Hauptstadt.

Wie in vielen Produktionszweigen, so macht sich unter den Fischern das Bestreben, die Zwischenhändler auszuschalten und mit den Konsumenten in direkte Verbindung zu treten, bemerkbar. Eine Fischereivereinigung vertritt in Mar del Plata die gemeinsamen Interessen der Fischer.

Im Sommer 1918 wurde das seit 1880 bestehende Verbot der Seejagd und Fischerei südlich des Río Negro aufgehoben und ein neues Gesetz zur Hebung dieses Erwerbszweiges und zur Ansiedlung von Fischereikolonien von der Regierung dem Kongreß vorgelegt und von diesem angenommen. Nach der Gesetzesvorlage über „die Erteilung der Erlaubnis zur dauernden Betreibung der Hochseefischerei in den an Argentinien grenzenden Gewässern und von höchstens 15jährigen Konzessionen zur Ausübung der Jagd auf Robben, Seelöwen, Seehunde, Pinguine und Seevögel auf den Felsen und Inseln jener Gewässer" sollte längs der Küste ein Landstreifen von mindestens 50 m Tiefe reserviert bleiben und die Jagdkonzession gegen eine prozentuale Entrichtung von mindestens 30 % des Reinertrages oder gegen eine feste Abgabe von nicht über 4 $ für die erlegten Tiere erteilt werden. Die Fahrzeuge, die sich mit dem Fischfang, der Jagd und dem Transport befassen, sollten der nationalen Matrikel angehören, jedoch für die Dauer von 10 Jahren auch nichtargentinische Besatzungen führen können.

Die Zahl der argentinischen Fischereiunternehmen ist nur gering. Neben die bedeutendsten, nämlich die Cia. Argentina de Pesca und La Pescadora Argentina, trat Ende 1917 in Buenos Aires die Compañía Pescadora Nacional S. A.; diese Fischerei-Aktiengesellschaft arbeitet mit 500 000 $ Kapital, dessen Erhöhung auf 5 Mill. vorgesehen ist, und soll nach skandinavischem Muster betrieben werden. Das Kapital wurde hauptsächlich von dänischen Gutsbesitzern in Argentinien sowie durch norwegische und schwedische Unternehmer aufgebracht. Die argentinische Regierung ist — so hieß es — wegen des steten Fischmangels in den Städten sehr an dem Unternehmen interessiert. Auch zur Anlage einer neuzeitlichen Schiffswerft ist die Gesellschaft geschritten. Der Betrieb soll für Dörren von Klippfischen an der Südküste erweitert werden. Ferner sollen Seehund- und Walfischfangstationen errichtet werden.

Die gegenwärtig erzielte Ausbeute sowohl der Binnen- als der Seefischerei genügt nicht, um den Bedarf des Landes an Fischen zu decken. Die früher nur geringe, gegenwärtig jedoch steigende Nachfrage, die während der religiösen Fastenzeit am stärksten ist, wird sowohl in Form frischer Fische, die überwiegend aus Montevideo kommen, als in Form von Stockfischen und Fischkonserven aus den nordischen Ländern befriedigt. An Stockfischen führt Argentinien alljährlich ungefähr 4000 t im Werte von 600 000 $ o/s ein, während sich der Import von Fischkonserven auf 5400 t im Werte von 1 400 000 $ o/s, darunter 4000 t Sardinen im Werte von 900 000 $ o/s, beläuft. Eine Ausfuhr von Fischen ist nicht zu verzeichnen, Walfischtran dagegen gelangt in namhafter Menge zum Export, der sich alljährlich auf ca. 25 000 t im Werte von 5 Mill. $ o/s beläuft. An Fischotternfellen werden durchschnittlich 465 t für 1,5 Mill. $ o/s ausgeführt.

Industrie, Gewerbe und Handel in Argentinien

Die Vorbedingungen für eine starke industrielle Entwicklung sind in Argentinien nicht günstig. Weder Kohle noch Eisenerze sind bislang in nennenswerten Mengen gefunden worden. Alle Betriebe, die Kohle zur Erzeugung von Kraft gebrauchen, sind abhängig von ausländischer Zufuhr. An Steinkohle und Koks, den wichtigsten Einfuhrartikeln der Republik, wurden vor dem Kriege alljährlich ungefähr 4 Mill. t fast völlig von England und dazu noch ungefähr 70 Mill. l raffiniertes Petroleum sowie 120 Mill. kg Rohpetroleum überwiegend aus den Vereinigten Staaten importiert. Diese Abhängigkeit vom Auslande macht sich natürlich in anormalen Zeiten, wie bei Streiks in den Erzeugungsländern und im Falle einer Störung der Weltschiffahrt, wie sie während des Krieges eintrat, verhängnisvoll bemerkbar. Vielleicht wird eine Besserung dieser Verhältnisse eintreten, wenn sich die Lieferungsmöglichkeit aus nahe gelegenen Kohle abbauenden Ländern wie Chile, Brasilien und Südafrika erhöht.

Für die Industrie im Norden des Landes wird und kann Holz erfolgreich als Brennmaterial verwandt werden, für den Bedarf der Küstenprovinzen jedoch bildet es keinen vollwertigen Ersatz für Kohle. Die wachsende Ausbeute der einheimischen Petroleumindustrie erweckt große Hoffnungen, da sich das argentinische Erdöl als Kraftquelle gut bewährt hat. Vorläufig jedoch kann sich die Industrie auf diesen Brennstoff allein nicht verlassen. Die Aussichten, die eine stärkere Ausnutzung der Wasserkräfte zur Erzeugung elektrischer Kraft eröffnet, sind hoffnungsvoll, aber auch diese Energiequellen werden erst in einer ferneren Zukunft der Entwicklung der argentinischen Industrie in größerem Umfange zugute kommen. Daß die Regierung sich energisch um die Lösung des Problems bemüht, zeigen die 1918 bekanntgewordenen Pläne, die Iguazúfälle im Nordosten der Republik im Misionesterritorium, die weder den Niagara- noch den Victoriafällen nachstehen, zur Gewinnung elektrischer Kraft nutzbar zu machen. Für den gleichen Zweck kommen die Stromschnellen des Río Uruguay, besonders der Salto Grande, der 150 000 Pferdekräfte liefern könnte, die Wasserfälle von El Nihuel, die zahlreichen Gefälle im Misionesterritorium und der Provinz Tucumán in Betracht. In der Sierra von Córdoba ist schon seit Jahren der Río Primero durch ein Stauwerk mit Schleuse am Dique San Roque in ein 25 qkm umfassendes Sammelbecken geleitet und zur Gewinnung elektrischer Kraft, die auf 200 000 Pferdekräfte geschätzt wird, herangezogen worden. Ferner werden die Wasserfälle des Río Mendoza in Cacheuta von der Deutsch-Überseeischen Elektrizitätsgesellschaft als Kraftquelle benutzt.

Was die Arbeiterfrage anbetrifft, so liegen auch darin die Verhältnisse nicht sonderlich günstig. Argentinien ist noch zu menschenarm, um einer großen Industrie die notwendigen Kräfte leihen zu können. Die Löhne sind daher, gemessen an den vor dem Weltkriege in Europa und Amerika herrschenden Sätzen, hoch, und die Konkurrenzfähigkeit auf dem Weltmarkt wird dadurch erschwert. Wie letztere sich aber gestalten wird, nachdem in allen Industrieländern eine außerordentliche Steigerung der Löhne eingesetzt hat, läßt sich noch nicht beurteilen. Jedenfalls aber hat sich das Verhältnis wesentlich zugunsten Argentiniens verschoben. Der Mangel an gelernten Arbeitskräften ist heute nicht mehr so groß wie er in früheren Zeiten war. Die Regierung ist durch die Einrichtung von Fachschulen erfolgreich bemüht, ein hochwertiges Arbeitermaterial heranzubilden.

Von Streiks ist die argentinische Industrie ebensowenig wie die anderer Länder verschont. An Arbeitgeber- und Arbeitnehmerverbänden gibt es eine große Anzahl, doch ist das Gewerkschaftswesen noch nicht derart entwickelt wie in Europa und Nordamerika. Die soziale Belastung der Industrie ist noch sehr geringfügig und beschränkt sich auf die Arbeitsunfallversicherung.

Was die Transportmittel anbelangt, so ist, wie schon früher erwähnt, das Eisenbahnwesen kräftig entwickelt und in ständigem Ausbau begriffen. Die Frachten sind jedoch im Vergleich zu anderen Ländern sehr hoch, können allerdings nicht ohne Einwilligung der Regierung, die auch darüber wacht, daß keine Vertrustung der einzelnen Systeme eintritt, gesteigert werden. Der Flußtransport ist im Gebiete des Río de la Plata und Paraná gut entwickelt. Gegenwärtig wird seitens der Interessenten für den Ausbau des industriellen Kredites plädiert und der Wunsch ausgesprochen, das einheimische Kapital möge sich in höherem Maße als bislang industriellen Unternehmen widmen.

Der wichtigste Faktor für die Lebens- und Entwicklungsfähigkeit der argentinischen Industrie ist das Schutzzollsystem der Regierung, das in engem Zusammenhang mit der Finanzpolitik des Landes, deren Fundament die hohen Einfuhrzölle bilden, steht. Ein Wertzoll von 25, 30, 40 und 50 % auf importierte Artikel gibt der Fabrikation im Lande natürlich einen hohen Anreiz. Durch den Krieg, der den Bezug einer großen Zahl früher eingeführter Erzeugnisse erschwerte oder unmöglich machte, hat die argentinische Industrie manche Anregung erfahren und der Wunsch, eine „nationale Industrie" erstehen zu sehen, ist noch gewachsen. Besonders die „Union industrial argentina" setzt sich ihre Förderung zum Ziel. Sie eröffnete während des Krieges einen Propagandafeldzug, um eine Verminderung der Abhängigkeit Argentiniens vom Auslande zu erreichen und findet in der Dirección general de comercio e industrias Rückhalt für ihre Bestrebungen. Eine große Industrieausstellung, die Mitte Oktober bis Ende November 1917 stattfand, hat beachtenswerte Resultate ergeben und den Plan, einen Industriepalast, der ständig Ausstellungszwecken dienen soll, zu bauen, gezeitigt.

Maßnahmen zur Förderung der industriellen Entwicklung werden besonders auch von den Provinzialregierungen getroffen. Aus einem der großzügigsten Pläne, dem der Gründung einer argentinischen Industriapolis zwischen der Provinzialhauptstadt La Plata und dem Hafen von Ensenada auf einem Terrain von 400 ha ist allerdings nichts geworden. Doch werden in den einzelnen Fällen die Unternehmer immer auf eine Unterstützung der Provinzialregierungen rechnen können. Als Beispiel derartiger

Vergünstigungen sei das Gesetz vom 5. Sept. 1918 der Provinz Jujuy genannt, demzufolge für 5 Jahre allen noch nicht in der Provinz vorhandenen Industrien mit über 10 000 $ m/n Kapital Befreiung von provinzialen und städtischen Abgaben zugesichert wird.

Die wichtigsten Industrien des Landes haben die Be- und Verarbeitung in Argentinien gewonnener Rohstoffe zum Gegenstand. So die Zucker-, Wein-, Alkohol-, Mühlen-, Fleisch-, Butter-, Käse-, die Holz-, Gerbstoff-, Leder- und Ölindustrie. Andere, wie die Tabak- und Textilindustrie, wieder verarbeiten zum Teil inländische, zum Teil eingeführte Rohstoffe. Die dritte Gruppe, zu der die Eisenindustrie und die chemische Industrie gehören, ist fast ganz auf die Einfuhr angewiesen.

Von den wichtigsten, sich an die einzelnen Produktionszweige anschließenden Industrien ist schon die Rede gewesen. Von den übrigen seien hier die bedeutendsten genannt.

Die Getreidemühlenindustrie steht nach dem Werte der jährlichen Produktion, die sich nach dem Zensus von 1908 auf 97 Mill. $ m/n belief, unter den argentinischen Industriezweigen an der Spitze. Die amtliche Zählung ergab 330 Betriebe mit 4309 Arbeitern, 16 348 Pferdekräften und einem Gesamtkapital von 40,7 Mill. $, die einen Rohstoffbedarf von 77,3 Mill. $ m/n aufwiesen. 1913 wurden insgesamt 408 registrierte Getreidemühlen festgestellt, von denen sich 47 in der Provinz Santa Fé, 45 in Entre Ríos, 32 in San Juan, 30 in Salta, 26 in Santiago del Estero, 21 in Catamarca, 19 in der Provinz Buenos Aires, 15 in Mendoza, 10 in La Rioja, 10 in der Bundeshauptstadt, 14 im Territorium Neuquén und 19 im Misionesterritorium befanden. Die meisten der Betriebe sind Dampfmühlen. Die Gesamtzahl der Pferdekräfte betrug 26 254. An Arbeitern und Angestellten wurden ungefähr 5000 beschäftigt. Die Zahl der Betriebe ist also in den letzten Jahren erheblich gestiegen und ebenso hat, wie die größere Zahl der Pferdekräfte bei nur wenig veränderter Arbeiterzahl zeigt, der maschinelle Betrieb erweiterte Anwendung gefunden.

Dabei wird die Getreidemüllerei immer mehr Gegenstand großer Anlagen. Zahlreiche kleinere Mühlen sind im Laufe der Jahre verschwunden. Nur ein Teil der Mühlen pflegt in Betrieb zu sein. 1913 waren es nur 270 und 1917 276. An Weizen wurden vermahlen 1913 insgesamt 1,26 Mill. t, 1917 1,43 Mill. t. Hergestellt wurden 1913 848 000 t und 1917 994 000 t Mehl; an Nebenprodukten wurden 393 000 t bezw. 421 000 t erzielt. Die Menge, die an Mais zur Vermahlung gelangt, ist nur gering. Sie belief sich 1917 auf ca. 30 000 t. Die argentinische Mühlenindustrie hat schon vor dem Kriege vielfach mit Schwierigkeiten zu kämpfen gehabt, während des Krieges, als die Regierung verschiedentlich vorübergehend die Mehlausfuhr verbot, wuchsen diese noch. Ihr wichtigstes Absatzgebiet ist jedoch das Inland, wie aus folgenden Zahlen aus den letzten normalen Zeiten hervorgeht (in kg):

	Erzeugung	Ausfuhr	Inlandskonsum
1911	840 117 779	118 486 000	721 631 779
1912	897 532 285	131 580 000	765 952 285
1913	848 338 442	124 649 000	723 689 442

Immerhin ist der Auslandsabsatz für ihre Rentabilität von mitbestimmender Bedeutung. Dieser belief sich 1914 auf 67 325, 1915 auf 116 049, 1916 auf 122 733 und 1917 auf 99 901 t, ging also gegen den Export während der letzten Friedensjahre zurück. Der wichtigste Abnehmer ist Brasilien, das ³/₄ der Gesamteinfuhr aufzunehmen pflegt. Da sich aber die brasilianische Regierung bemüht, die Mehlindustrie ihres eigenen Landes auf Kosten der Einfuhr zu steigern und überdies die nordamerikanische Mehleinfuhr begünstigt, nehmen die Aussichten für eine Vergrößerung des Absatzes dorthin ab, so daß namentlich, wenn man die bedeutende Zahl der nicht in Betrieb befindlichen Mühlen berücksichtigt, eine Erweiterung der Industrie als nicht ratsam betrachtet werden muß.

Die Kleie ist ebenfalls ein wichtiger Ausfuhrartikel geworden. Es wurden davon exportiert:

	t	$ o/s
1916	29 035	465 018
1917	19 872	379 491

An Nudelfabriken zählte der letzte Zensus 272 meist kleine, überwiegend gewerbliche Betriebe mit 5,25 Mill. $ m/n Kapital, 2301 Arbeitern und einer Produktion von über 12 Mill. $ m/n. Fadennudeln werden, wenn auch nur in geringem, so doch steigendem Umfange — ungefähr 21 000 kg im Werte von 2130 $ o/s — ausgeführt. An Biskuitfabriken wurden 21 mit 3,8 Mill. $ m/n Kapital, an Teigpastenfabriken 177 mit einem Rohstoffbedarf von 1,76 Mill. $ m/n, an Bäckereien und Konditoreien 2600 mit 11,8 Mill. $ m/n Kapital bezw. 230 mit 3000 Arbeitern gezählt.

Außer den Getreidemühlen seien hier noch Reismühlen, von denen 6 kleine Betriebe mit einem jährlichen Rohstoffbedarf von 720 000 $ m/n, die überwiegend das einheimische Erzeugnis verarbeiten, 7 kleine Gewürzmühlen mit einem Rohstoffbedarf von 337 000 $ m/n aus dem Auslande, ferner 22 Yerbamühlen mit 11 Mill. $ m/n Kapital und 598 Arbeitern, die ebenfalls überwiegend eingeführtes Rohmaterial zubereiten, genannt.

Die Alkohol- und Spiritusindustrie ist ein Zweig der Zucker- und Weinfabrikation und verarbeitet überwiegend Melasse und Nebenprodukte der Weinindustrie. Mais dient ihr ebenfalls als Rohstoff. Durchschnittlich werden jährlich 17 Mill. l

Alkohol hergestellt, der mit einer hohen Verbrauchsabgabe belastet ist. An Destillerien zählte der letzte Industriezensus 10 Betriebe. Vorläufig beschränkt sich die Erzeugung vorzugsweise darauf, den Bedarf des Landes zu decken. Erst in den letzten Jahren hat eine Ausfuhr und zwar 1916 16 Mill. l und 1917 3,48 Mill. l im Werte von 2,47 bezw. 0,55 Mill. $ o/s stattgefunden.

Die Likörfabrikation, die durchweg einheimischen Alkohol verwendet, ist sehr stark entwickelt. Schon 1910 zählte man 263 Betriebe mit 2250 Arbeitern und 12,4 Mill. $ m/n Kapital, deren jährliche Produktion sich auf über 32 Mill. $ m/n belief. Aus 95 240 hl gewerblichem Alkohol stellten sie 245 045 hl Likör her. Viele dieser Likörfabriken sind nur kleine Betriebe. Der Wettbewerb ist sehr scharf. An Essigfabriken zählte der letzte Zensus 13 meist kleine Betriebe mit insgesamt 54 Arbeitern.

Die Brauindustrie hat in Argentinien schon seit langem festen Fuß gefaßt und sich sehr kräftig entwickelt. Anfang 1914 wurden 35 Brauereien mit 64 Mill. $ m/n Kapital, von denen 5 im Laufe des gleichen Jahres den Betrieb einstellten, gezählt. Die Zahl der darin beschäftigten Arbeiter beträgt ungefähr 3000. An Rohmaterial wie Malz, Zucker, Glukose, Karamell und Hopfen wurden 1916 über 16 Mill. kg verarbeitet. Die Erzeugung stieg von 1902 bis 1913 von 28 auf 125 Mill. l, ging 1914 infolge des Krieges jedoch wieder auf 75 Mill. l herab. Die Einfuhr von Bier steigt zwar absolut stark, bleibt jedoch im Vergleich zur einheimischen Erzeugung ganz unbedeutend. Sitz der Industrie sind besonders Buenos Aires, Quilmes, Rosario, Córdoba und Bahía Blanca. Oft sind die Brauereien mit Eisfabriken verbunden. Der letzte Zensus zählte deren 56 mit 593 Arbeitern und einer jährlichen Produktion von 2,7 Mill. $ m/n.

An Sodawasserfabriken wurden 560 mit 5,4 Mill. $ m/n Kapital gezählt, deren Erzeugung sich auf über 9 Mill. $ m/n belief.

Unter den Industriezweigen Argentiniens, welche die Nutzung der Viehzuchtsprodukte zum Gegenstand haben, ist die Gefrierfleischindustrie die weitaus wichtigste. 1908 wurden 8 der „frigoríficos" genannten Werke mit einem Kapital von 31 Mill. $ o/s, 5820 Arbeitern und einem Rohstoffbedarf von 86,6 Mill. $ m/n gezählt. 1915 war die Zahl auf 10 Werke gestiegen, 2 befanden sich im Bau und für 2 weitere waren Konzessionen erteilt. Es handelt sich ausnahmslos um großkapitalistische Betriebe, die mit allen modernen Hilfsmitteln der Technik arbeiten. Sie verdanken argentinischem und englischem Kapital ihre Entstehung. Seit einigen Jahren sind die großen nordamerikanischen Fleischkonzerne in sie eingedrungen. Gegenstand der Fabrikation ist Gefrier- und Kühlfleisch von Rindern und Hammeln und letzthin auch Schweinen. Während des Krieges ist die Herstellung von Gefrierfleisch auf Kosten des Kühlfleisches stark gestiegen. Neben der Fabrikation von Gefrierfleisch wird in steigendem Maße die Herstellung von Fleischkonserven betrieben. Außer einer Anzahl von Gefrierfleischwerken beschäftigten sich nach dem letzten Zensus 6 Fleischkonservenfabriken, die einen Jahresbedarf von 7,2 Mill. $ m/n aufwiesen, mit diesem Zweige, ferner sind wichtige Hersteller von Fleischkonserven die Fleischextraktfabriken, unter denen die von Liebig in Colón und Bovril in Santa Elena, beide in der Provinz Entre Ríos, die bedeutendsten sind.

An Wurstfabriken wurden 180 mit 693 Arbeitern, die für 2,7 Mill. $ m/n Rohstoffe verbrauchten, gezählt.

Während die Gefrierfleisch- und Fleischkonservenindustrie nur erstklassige, fettgemachte Tiere verarbeiten, beschäftigt sich die Dörrfleischindustrie mit der Verarbeitung des Fleisches der minder wertvollen Criollorinder, das leicht gesalzen und getrocknet wird. Der letzte Zensus wies 5 derartiger „saladeros" genannter Unternehmen mit 734 000 $ m/n Kapital, 1045 Arbeitern und einem Rohstoffbedarf von 4,75 Mill. $ m/n auf. Die primitive Verwertung des argentinischen Fleisches durch die saladeros ist infolge des Verlustes wichtiger Absatzgebiete — als solche kommen besonders fleischarme tropische Gegenden wie die westindischen Inseln, in denen sich anders konserviertes Fleisch schlecht hält, in Betracht — ferner durch die Preissteigerung für Vieh und die Konkurrenz der Gefrierfleischwerke stark zurückgegangen. Immerhin weisen die Provinzen Entre Ríos und Corrientes noch große Rindviehbestände auf, die als Material für die saladeros geeignet sind.

Einen Überblick über den Verbrauch der Gefrierfleischanstalten, saladeros und Fleischkonservenfabriken neben dem in den Schlachthäusern von Liniers und 2356 städtischen und privaten Schlachthäusern gibt folgende Aufstellung des Direktors für landwirtschaftliche Statistik, Dr. Emilio Lahitte. Danach gestalteten sich die Schlachtungen während des Jahres 1917 insgesamt wie folgt (in Stück):

	Rindvieh	Schafe	Schweine
In den Schlachthäusern von Liniers	404 231	1 030 292	115 900
in den Gefrierfleischwerken, saladeros und Fleischfabriken	2 496 284	2 233 896	193 383
in den 2356 städtischen und privaten Schlachthäusern, die statistische Angaben gemacht haben	1 127 624	521 999	77 041
	4 028 139	3 786 187	386 324

Diese Zahlen umfassen 68,5 % der gesamten Schlachtungen, die im Lande stattfanden.

Die Schlachtungen in den Gefrierfleischwerken und Fleischwarenfabriken haben sich seit dem Jahre 1915 stark vermehrt. Es wurden geschlachtet (in Stück):

Jahr	Rindvieh	Schafe	Schweine
1912	1 772 889	3 516 437	7 751
1913	1 608 983	2 489 461	4 756
1914	1 588 878	2 889 164	13 977
1915	1 640 846	1 948 099	43 172
1916	2 101 550	2 646 713	75 592
1917	2 496 284	2 233 896	193 383

Dem Gewicht nach stellten die Gefrierfleischwerke und Fleischwarenfabriken für den Export und für den Verbrauch in Argentinien folgende Mengen her (in t):

Jahr	Rindfleisch	Hammel u. Lammfleisch	Schweinefleisch	Insgesamt
1912	565 625	93 728	620	659 973
1913	519 633	65 420	357	585 410
1914	511 296	73 811	791	585 898
1915	522 557	50 765	3 533	576 855
1916	640 148	67 638	4 534	712 320
1917	690 133	56 381	15 935	762 449

Die Belieferung aus den Gefrierfleischwerken für den Eigenverbrauch in Argentinien beträgt dabei ungefähr 12 % der gesamten Gewichtsmenge, die sie produzieren. Diese Zahl bezieht sich auf die Periode 1912/1917. 1917 war jedoch eine Steigerung des Eigenverbrauchs von 18 163 000 kg festzustellen, und während der ersten sechs Monate des Jahres 1918 hat sich der Prozentsatz noch weiter erhöht.

Die folgende Tabelle zeigt die von den Gefrierfleischwerken und Fleischkonservenfabriken exportierten Mengen (in t):

Jahr	Rindfleisch	Hammel- u. Lammfleisch	Schweinefleisch	Insgesamt
1913	447 674	59 291	—	506 965
1914	444 533	68 582	299	513 414
1915	450 955	45 682	2 979	499 616
1916	584 599	62 005	2 723	649 327
1917	619 698	47 269	14 335	681 233

Mit diesen Zahlen steht Argentinien unter allen Fleisch ausführenden Staaten weitaus an der Spitze. Es füllt die Lücke aus, die die Vereinigten Staaten seit Beginn des Jahrhunderts gelassen haben und exportiert weit mehr als seine Konkurrenten Australien, Neuseeland, Canada, Südafrika, Brasilien und die Vereinigten Staaten zusammen genommen.

Von den übrigen Erzeugnissen sowie den Abfallprodukten der Fleischindustrie sind die wichtigsten: konservierte und gesalzene Zungen, Gefrierfleischabfälle, Fleischmehl, getrocknetes Blut, konzentrierter Fleischsaft, Grieben, Knochen, Knochenasche, künstlicher Guano und Hufe.

Daß für den Betrieb von Gefrierfleischwerken, Fleischextrakt- und Fleischkonservenfabriken große Mittel notwendig sind, braucht nicht besonders betont zu werden. Vorbedingung dafür ist die Erteilung einer Konzession seitens der Regierung. Es ist schwer zu beurteilen, wie sich diese augenblicklich Gesuchen gegenüber stellen würde. Angesichts des enormen Verbrauches der schon bestehenden Werke, von denen letzthin eine ganze Reihe bedeutende Kapitalserhöhungen zwecks Erweiterung des Betriebes vorgenommen haben, der den Bestand des Landes an Vieh, besonders an Schafen bedroht, würde es jedenfalls nicht überraschend kommen, wenn sie in Zukunft die Erteilung von Konzessionen beschränkte. Den sich mit der Verarbeitung von Abfällen der Fleischindustrie beschäftigenden Industrien bietet sich jedoch — so betonen wenigstens argentinische und amerikanische Fachleute — noch ein weites Betätigungsfeld. Die Verarbeitung von Fett und Talg ist noch nicht sehr weit vorgeschritten. Ein großer Teil der Produktion nimmt seinen Weg ins Ausland. Die Ausfuhr gestaltete sich wie folgt:

Ausfuhr von Talg und geschmolzenem, ausgelassenem Fett:

	1914	1915	1916	1917
t	51 224	49 866	48 685	13 312
		Margarine und Palmitin:		
t	3 358	1 872	2 367	13 312

Der letzte Zensus zählte 33 „Fettfabriken" mit einem Rohstoffbedarf von 5,9 Mill. $ m/n.

An Seifenfabriken wurden 1910 200 meist kleinere Betriebe mit einem Gesamtkapital von 2 Mill. $ m/n und einer Produktion von 7 Mill. $ m/n, die etwa 90 % des einheimischen Bedarfes deckten und auch eine Ausfuhr in gewöhnlichen Sorten nach den Nachbarländern tätigten, gezählt. Der Export an Seife gestaltete sich während der letzten Jahre folgendermaßen:

	kg	$ o/s
1912	14 241	854
1913	29 681	1 781
1914	24 922	1,495
1915	69 886	4 193

Unter den Gefrierfleischwerken stellen verschiedene Seife her. Meist werden einfachere Sorten fabriziert. Medizinalseifen und feinere Sorten werden importiert.

An Stearin werden alljährlich ca. 430 t im Werte von 95 000 $ o/s ausgeführt, der Rest wird in Stearinkerzenfabriken, deren 6 mit 453 Arbeitern gezählt wurden, verarbeitet. Auch Glyzerin wird hergestellt und davon ca. 500 t im Werte von 125 000 $ o/s ausgeführt.

Hier seien auch die Wachskerzenfabriken, deren 6 mit 45 Arbeitern verzeichnet wurden, und Wachsstreichholzfabriken sowie 10 Streichholzfabriken mit einem jährlichen Umsatz von 4,5 Mill. $ m/n erwähnt.

Mit der Zubereitung von Därmen beschäftigten sich 12 Betriebe mit 223 Arbeitern. Der größere Teil an Därmen gelangt jedoch zur Ausfuhr. Diese betrug (in $ o/s):

	Gesalzene Därme	Getrocknete Därme
1913	299 991	7 541
1914	257 640	5 120

An Leimfabriken gab es 6 mit 75 Arbeitern.

Daß die großen Mengen von Häuten und Fellen, die bei den Schlachtungen gewonnen werden, nicht nur zur Ausfuhr gelangen, sondern auch Gegenstand der Verarbeitung sind, liegt nahe. Der größte Teil wird zwar, nachdem er von Fett, Fleischstücken usw. in einer Weise befreit ist, die selbst in den Vereinigten Staaten vorbildlich geworden ist, exportiert, wie folgende Zahlen zeigen:

	1913	1914	1915	1916	1917
Gesalzene Rindshäute t	65 755	63 557	—	77 841	76 182
Mill. $ o/s	24,5	22,9	27,5	38,39	40,54
Getrockn. Rindshäute t	21 219	14 508	—	21 549	19 305
Mill. $ o/s	13,9	8,9	15,3	16,23	14,87

Ein wachsender Teil jedoch wird im Lande weiter verarbeitet. Die argentinische Gerbereiindustrie ist insofern besonders begünstigt, als ihr der im Lande gewonnene Quebrachoextrakt zur Verfügung steht und sie durch einen Schutzzoll von 40 % auf gegerbte Felle und Häute geschützt ist. Sie steht jedoch noch keineswegs auf der Höhe, muß vielmehr als rückständig bezeichnet werden. Oberleder werden zwar in recht guter Beschaffenheit hergestellt. Das Sohlenleder jedoch ist nur scheinbar von guter Qualität. Die Ursachen dieser Erscheinung werden auf den Mangel an Fachleuten und geübten Arbeitern im Gerbereibetrieb sowie auf die verhältnismäßig geringen Ansprüche, die der inländische Konsument an die Qualität des Schuhzeuges stellt, zurückgeführt. Englische Fachleute glauben, daß erstklassige Gerbereien in Argentinien noch ein dankbares Arbeitsfeld finden würden.

Nach der letzten Zählung bestanden 227 Gerbereien mit 11,6 Mill. $ m/n Kapital, 3389 Arbeitern, die alljährlich für 19,2 Mill. $ m/n Werte produzierten; an Sattlereien und Gürtlereien gab es 747 mit 7,3 Mill. $ m/n Kapital und 3580 Arbeitern. Sowohl die Gürtlereien als die Sattlereien sind durch den hohen Einfuhrzoll auf Sattlerwaren, Zaumzeuge, Zügel usw. von 50 % des Wertes geschützt.

Die argentinische Schuhindustrie hat sich, ebenfalls durch einen hohen Schutzzoll von 40 % begünstigt, kräftig entwickelt und ist zu einer wichtigen Industrie hochwertiger Erzeugnisse geworden. Schon der letzte Zensus zählte 254 Schuhfabriken mit 8,1 Mill. $ m/n Kapital, 8090 Arbeitern und einer Produktion von 23,6 Mill. $ m/n jährlich. An Schuhmacherwerkstätten wurden 1963 mit 6,8 Mill. $ m/n Kapital und 5070 Arbeitern verzeichnet. Während des Krieges hat die argentinische Schuhindustrie eine kräftige Entwicklung genommen. Ähnlich wie bei der Gerberei bietet jedoch auch sie noch ein ausgedehntes Arbeitsfeld für die Herstellung erstklassiger Fabrikate, die noch aus England und Nordamerika eingeführt werden. Die Ausfuhr besonders nach den Nachbarrepubliken sowie nach Südafrika hat sich erheblich gehoben. Auch die Herstellung von hölzernen Stiefelabsätzen ist aufgenommen worden.

Die Kürschnerei, mit der sich 22 Betriebe, die einen Rohstoffbedarf von 306 367 $ m/n aufwiesen, beschäftigte, verarbeitet ganz überwiegend eingeführtes Material.

An Handschuhfabriken gab es 11 nur kleine Betriebe mit insgesamt 29 Arbeitern, an Kofferfabriken 64 mit 320 000 $ m/n Kapital und 313 Arbeitern.

Zu den Industriezweigen, denen die Kriegsverhältnisse besonderen Vorteil gebracht haben, gehört die Meiereiindustrie im weiteren Sinne. Während der letzten Friedensjahre war die Zahl der mit der Herstellung von Meiereiprodukten beschäftigten Betriebe wie folgt:

	Molkereien	Butterfabriken	Käsefabriken	Gemischte Betriebe	Insgesamt
1910	511	11	169	369	1426
1911	398	10	158	329	1160
1912	516	8	128	367	1255
1913	462	9	131	323	1289

Die Erzeugung war folgendermaßen (in t):

	Butter	Käse	Schafkäse	Kaseïn
1910	7 537	2 742	—	—
1911	7 905	3 514	—	—
1912	9 457	5 426	51	5 335
1913	10 198	5 689	65	6 729

Für die Kriegsdauer liegen noch keine Produktionsangaben vor. Die stark gestiegenen Ausfuhrziffern zeigen jedoch die außerordentliche Entwicklung:

	Butter t	Käse t	Kasein t
1914	3 482	4	2 925
1915	4 623	6	2 608
1916	5 671	228	2 951
1917	9 830	2 728	4 877
1918 (1. Sem.)	7 597	5 000	—

Der im Lande hergestellte Käse hat die Einfuhr, die infolge des Krieges von 5400 t 1913 auf 313 t 1917 fiel, zu ersetzen vermocht. Zu den schon seit langem hergestellten Käsesorten wie „Tafí" aus der Provinz Tucumán, Nachahmungen von Schweizerkäse, sind in neuerer Zeit verschiedene hinzugekommen, die mit gewissen europäischen Sorten konkurrieren können sollen und deren Namen und Verpackung die argentinischen Fabrikanten angenommen haben. (Reggiano, Reggianito, Sbrinz, Romano, Canasto, Gruyère, Cheddar, Cheshire usw.). Wenn diese Nachahmungen auch nicht in bezug auf den Geschmack an die europäischen Sorten heranreichen können, so glaubt man doch, daß infolge der niedrigen Preise der heimische Markt das argentinische Produkt auch nach Wiederherstellung normaler Verhältnisse aufnehmen wird. Seit September 1917 besteht eine staatliche Aufsichtsstelle für die Herstellung von für den Export bestimmten Molkereiprodukten.

Ein besonderer Zweig der Meiereiindustrie ist die Filtrierung, Pasteurisierung, Kühlung und Flaschenfüllung der besonders für den Verbrauch der Hauptstadt bestimmten Milch. Es beschäftigten sich drei große Unternehmen mit insgesamt 11,86 Mill. $ m/n mit diesem Zweige.

Die Zukunftsaussichten der Meiereiindustrie werden günstig beurteilt. Vorbedingung für ihr Wachstum jedoch ist eine Vermehrung der Milchviehhaltung innerhalb der Viehzucht. Nachteilig stehen der Entwicklung jedoch der Mangel an Kräften für das Melken und die noch nicht allgemeine Verbreitung der hygienischen Methoden für die Behandlung der Milch entgegen. Da die Zeit der größten Milchproduktion in der Zeit Oktober-April mit der Ernte und Wollschur zusammenfällt, fehlt es meist an Arbeitskräften.

Im Gegensatz zu der Be- und Verarbeitung von Häuten und Fellen ist die Verwertung der Wolle noch recht geringfügig, nimmt jedoch an Umfang zu. So gab es 1908 nur eine Wollwäscherei in Argentinien, 1917 dagegen wurden schon 11 Betriebe dieser Art, nämlich 9 in der Hauptstadt, 1 in der Provinz Buenos Aires und 1 in der Provinz Córdoba gezählt, die zusammen 15 316 t Rohwolle wuschen und 7 823 t gewaschener Wolle herstellten.

Die Textilindustrie, der ja neben der Wolle auch noch die

einheimische Baumwolle zur Verfügung steht, ist verhältnismäßig nur wenig entwickelt. Sie war ursprünglich auf die Herstellung von Tuchen für den argentinischen Heeresbedarf zugeschnitten, konnte sich jedoch trotz des hohen Schutzzolles auf diesem Gebiete nicht behaupten und beschränkte sich allmählich darauf, billige Waren für den Inlandsbedarf herzustellen. Während des Krieges allerdings, der ihr Heeresaufträge einbrachte, hat sie eine gewisse Entwicklung genommen, die jedenfalls aber nur vorübergehend sein wird. Eines der größten Textilwerke Argentiniens, die 1873 in Buenos Aires gegründete Fábrica nacional de paños, lieferte dauernd an die argentinische Armee und Marine, die Polizei der Hauptstadt und der Territorien, die chilenische und bolivianische Armee Tuchwaren, darunter Pferde- und Bettdecken und auch Cheviots und führte 1914 und 1915 Lieferungen an das französische Heer aus. Es arbeitete mit einem Betriebskapital von 600 000 $ m/n, beschäftigte 500 Arbeiter und verarbeitete jährlich bis 800 t Wolle, aus denen 300 t Fertigfabrikate erzeugt wurden. 1918 wurde das Unternehmen liquidiert, da es nicht gelang, die durch Steigerung der Rohstoffpreise notwendig gewordene Kapitalserhöhung auf 2½ Mill. $ m/n oder die Umwandlung in eine Aktiengesellschaft zu ermöglichen.

Mit der Herstellung von Wollgeweben beschäftigten sich nach dem letzten Zensus 33 Werke mit 3,66 Mill. $ m/n Kapital und 3006 Arbeitern.

Baumwollgewebe wurden in 5 Werken mit 1,72 Mill. $ m/n Kapital und 1415 Arbeitern hergestellt.

An Wirkwarenfabriken gab es 47 mit 3,3 Mill. $ m/n Kapital und 2390 Arbeitern.

Seidengewebe wurden nur in einem Betrieb mit 20 000 $ m/n Kapital und 9 Arbeitern hergestellt.

Die mit der Verarbeitung von eingeführten Textilerzeugnissen beschäftigten Industrien und Gewerbe sind — von der ausländischen Konkurrenz durch hohe Einfuhrzölle von 40—50 % geschützt — weit kräftiger als die mit der Erzeugung beschäftigten entwickelt. Die wichtigsten waren nach dem letzten Industriezensus die folgenden:

Art	Anzahl	Kapital	Anzahl der Arbeiter
Konfektion	240	4,87	4 191
Hemden	91	2,49	2 549
Wäsche	85	5,717	—
Korsetts	102	0,582	546
Kravatten	8	0,164	116
Mützen	34	0,149	193
Hüte	117	3,2	1 780
Schneider-Werkstätten	2405	14,3	13 559
Herrenkleiderfabriken	85	5,7	3 749

Unter den noch nicht genannten Industriezweigen, die inländische Rohstoffe verarbeiten, ist noch die Ölindustrie hervorzuheben. 1910 wurden 25 Ölmühlen gezählt, von denen 20 Speiseöl herstellten und jährlich für 1,9 Mill. $ m/n ganz überwiegend inländische Rohstoffe, darunter besonders mani (Erdnüsse) verarbeiteten. 5 Ölmühlen, alle in der Hauptstadt, beschäftigen sich mit der Verarbeitung von Leinsaat, die ja im Überfluß zur Verfügung steht. Sie besitzen zusammen eine Leistungsfähigkeit von 8000 t und haben ihr Erzeugnis während des Krieges im Auslande abzusetzen vermocht. Es wurden an Leinöl exportiert (in t):

1914	13	1916	1124
1915	659	1917	1525

Die Preßrückstände, Ölkuchen, bilden einen wichtigen Exportartikel, der in folgendem Umfange ausgeführt wurde:

	t	$ o/s		t	$ o/s
1914	17 403	348 057	1916	18 104	724 160
1915	20 963	419 262	1917	17 168	687 379

Die argentinische Metall- und Maschinenindustrie gehört begreiflicherweise zu denen, die auf ausländisches Rohmaterial angewiesen sind. Sie ist verhältnismäßig kräftig entwickelt und hat in den letzten Jahren bedeutende Fortschritte gemacht. 1917 wurden insgesamt 1177 Fabriken in der Metallindustrie verzeichnet.

Hergestellt werden besonders Materialien für Bau- und Konstruktionszwecke, Schrauben, Nägel, galvanisierte Eisenbleche und Drähte, Blechwaren, Automobilzubehör. Während des Krieges ist auch die Fabrikation von Ösen und Stecknadeln aufgenommen worden. Der Krieg hat auch die Herstellung von Konservendosen aus eingeführten Blechen, nach denen besonders für die Ausfuhr von Fleischkonserven eine bedeutende Nachfrage besteht, gefördert. Seit 1916 ist auch die Herstellung von elektrischen Lampen aufgenommen worden.

Am wichtigsten sind die Eisengießereien, deren der letzte Industrie-Zensus 98 mit 7,6 Mill. $ m/n Kapital und 3415 Arbeitern zählte und die mechanischen Werkstätten, von denen 335 mit 13,8 Mill. $ m/n Kapital und 4400 Arbeitern verzeichnet wurden. Mit dem Maschinenbau beschäftigten sich 90 Betriebe mit 2700 Arbeitern, 88 Betriebe mit 5,2 Mill. $ m/n Kapital hatten die Herstellung von landwirtschaftlichen Geräten zum Gegenstand. Der erste im Lande hergestellte Flugzeugmotor wurde auf der Industrieausstellung von 1917 gezeigt.

Der Industriezensus zählte außer den genannten noch folgende zum Teil industrielle, zum Teil gewerbliche Betriebe:

	Anzahl	Kapital in $ m/n	Arbeiter
Schmiedewerkstätten	3000	9 Mill.	9000
Kesselschmieden	7	—	77
Blechwarenindustrie........	800	—	1868
Nagelschmieden	9	473 000	184
Waffenfabriken............	40	—	96
Geldschrankfabriken	10	165 000	135
Fabriken von Eisenbettstellen	41	900 000	600
Herdfabriken	55	562 000	350
Bronzegießereien...........	37	—	256
Zinngießereien	27	—	139
Werkzeugfabriken	14	98 000	86
Beleuchtungskörperfabriken .	41	2,8 Mill.	759
Straßenbahnwagenfabriken .	1	1 Mill.	400
Klempnereien	800	—	—

Was die Schiffbauindustrie anbelangt, so geht sie allem Anschein nach einer stärkeren Entwicklung als der bisherigen entgegen. Der letzte Zensus zählte ungefähr 23 meist kleinere Betriebe mit insgesamt 1504 Arbeitern. Der Krieg, der Argentinien die Gefahr einer völligen Abhängigkeit von der fremden Schiffahrt so deutlich vor Augen geführt hat, hat den Wunsch gezeitigt, größere Werften anzulegen. Im Herbste 1918 wurde ein Gesetzentwurf bekannt, der folgende Erleichterungen für die Anlage von Werften vorsah: Die Regierung sollte ermächtigt werden, in den Häfen des Landes und an den Ufern der schiffbaren Flüsse für die Höchstdauer von 40 Jahren Konzessionen für die Anlage von Schiffswerften zu bewilligen. Den Unternehmen, die vor dem Ablauf von 5 Jahren die Bestimmungen des Gesetzes annehmen, sollten die für den Betrieb notwendigen Grundstücke, einschließlich fiskalischer Ländereien, bis zum Jahre 1930 umsonst überlassen werden. Wo keine fiskalischen Terrains vorhanden sind, steht der Regierung das Enteignungsrecht zu. Von 1931 ab wird eine Pachtsumme von 3 $ m/n jährlich je qm im Höchstfalle und von 1 $ m/n im Mindestfalle erhoben. Es werden den Unternehmen u. a. Prämien von 100 $ m/n für jede Tonne bei Schiffen aus eisernen Schiffskörpern von mehr als 700 Tonnen, die vor dem 18. Monat seit der Bekanntgabe des Gesetzes fertiggestellt werden, bewilligt. Besondere Abkommen mit der argentinischen Regierung scheint die englische Firma Vickers (Barrow) über die Errichtung einer Werft und über den Bau von 10 Dampfern von je 10 000 t und 4 Dampfern von je 7500 t bis Ende 1919 getroffen zu haben.

Die chemische Industrie ist nicht stark entwickelt und stellt nur einen verschwindend geringen Teil des Bedarfes her. Nach dem letzten Zensus belief sich die Gesamtproduktion von

9 Betrieben auf nur 1,5 Mill. $ m/n mit nur 143 Arbeitern und 1,5 Mill. $ m/n Kapital. Mit der Herstellung von Salzen und Säuren beschäftigen sich außerdem 49 kleine Betriebe mit zusammen nur 318 000 $ m/n Kapital, die 190 Arbeiter aufweisen und für 1,3 Mill. $ m/n Waren erzeugen. Besonders werden dort Salz, Schwefel und Kohlensäure hergestellt. Die Aussichten für die Erweiterungsmöglichkeit der chemischen Industrie werden sehr verschieden beurteilt. Die Herstellung von einfachen Lacken und Firnissen ist schon seit längerer Zeit aufgenommen. Farben werden nur in geringem Umfang hergestellt. Trotz einer erheblichen Nachfrage ist diese Industrie noch recht bedeutungslos.

An Papierfabriken wurden 12 mit 7,3 Mill. $ m/n und 1405 Arbeitern gezählt. Sie sind nicht in der Lage den Bedarf des Landes zu decken. Außerdem wurden noch 8 Geschäftsbücherfabriken mit 1,17 Mill. $ m/n Kapital und 378 Arbeitern verzeichnet. An Druckereien gab es 739 mit 14,3 Mill. $ m/n, an lithographischen Anstalten 39 mit 5 Mill. $ m/n Kapital. An Gravieranstalten wurden 53 gezählt. An Buchbindereien wurden 44 verzeichnet. Auch diese Industrien sind durch den hohen Zoll von 40 %, mit dem Drucksachen belastet sind, geschützt.

Eine besondere Rolle spielt die Elektrizitätsindustrie. Nach dem Industriezensus gab es 56 Kraftwerke mit 48, 7 Mill. $ m/n Kapital, 81 000 Pferdekräften und 2402 Arbeitern. Die größten Werke finden sich in den Provinzen Buenos Aires, Santa Fé, Entre Rios, Corrientes, Córdoba, aber auch schon in entfernteren Gebieten wie Catamarca, La Banda, Mendoza, Jujuy, Pelotas, Rioja, San Juan, Salta, Santiago del Estero, San Luis, San Rafael, Tucumán, Villa Mercedes, Trelew (Chubut), San Antonio Oeste (Río Negro), Río Gallegos (Río Negro), San Martin de los Andes, Frias (Santiago) und Metán (Salta), Puerto Deseado (Santa Cruz) gewinnt die Elektrizitätsindustrie stark an Verbreitung. Die Konzessionen sind immer Gegenstand besonderer Verhandlungen, wobei oft Staatsländereien überlassen werden und durchweg eine Festsetzung der Höchstpreise für den Strom erfolgt. Das weitaus bedeutendste Unternehmen ist die Deutsch-Überseeische Elektrizitätsgesellschaft. Immer mehr Gemeinden entscheiden sich für die Einführung elektrischen Lichtes und elektrischer Kraft. An elektrotechnischen Werkstätten wurden 53, deren Zahl sich inzwischen erheblich vergrößert hat, gezählt.

Die Gasindustrie ist weniger bedeutend. Außer der Cia Primitiva de Gas sind noch 11 kleinere Unternehmen vorhanden. Diese Gesellschaft stellt als Nebenprodukte auch Schafkrätzemittel her, nach denen eine bedeutende Nachfrage, die sonst überwiegend vom Auslande befriedigt wird, besteht.

Die hier genannten Industriezweige, von denen ein Teil auch unter den Begriff des Gewerbes fällt, sind die wichtigsten, die

Argentinien aufweist. Die Zahl der gesamten industriellen Betriebe und Gewerbe ist weit größer, und es herrscht kein Mangel an irgendeinem der in Europa bekannten Zweige.

Einige seien hier noch aufgeführt: An Kaffeeröstereien wurden 32, an Stärkefabriken 7 mit 2 Mill. $ m/n Kapital gezählt; an Fabriken für Korkartikel 12, an Billardfabriken 18, an Bilderrahmenfabriken 59, an Bilderrahmenwerkstätten 94, an Spiegelfabriken 9, an Tapezierwerkstätten 78, an Färbereien 82. Ferner gab es 281 photographische Ateliers. Besonders stark vertreten sind die Juwelierwerkstätten, deren es 829 mit 5,6 Mill. $ m/n Kapital gab.

Die industriellen und gewerblichen Möglichkeiten, die Argentinien aufweist, sind vielseitiger als gemeinhin angenommen zu werden pflegt. Die Beteiligung argentinischen Kapitals an ihrer Ausnutzung ist verhältnismäßig gering, der Prozentsatz der fremden Unternehmer ist sehr bedeutend. Der überwiegende Teil der industriellen Betriebe erfordert große Mittel. Eine gewisse Konzentrationsbewegung ist unverkennbar. Vielfach sind die Industrien von den Leitern der Importfirmen als Nebenzweige des Einfuhrhauses geschaffen worden, z. B. aus Reparaturwerkstätten für eingeführte Maschinen hervorgegangen. Kleinere Betriebe, wie Wagnereien, Schmieden, Schlossereien, aber auch Brauereien, Sägewerke, Seifenfabriken, Gerbereien, Ölmühlen sind mit kleinen Mitteln erfolgreich aufgebaut worden. Ein großer Teil der Industriellen stammt aus dem Arbeiter- oder Handwerkerstand. Die wichtigsten Branchen sind zu wirtschaftlichen Verbänden zusammengeschlossen. Der bedeutendste darunter ist die Union industrial argentina. Was den Standort anbetrifft, so befindet sich die Mehrzahl der industriellen Unternehmen in der Hauptstadt, dann folgen in weitem Abstand Rosario, La Plata, Zarate, Bahía Blanca, Campana und Santa Fé. Die Konkurrenz ist in den meisten Industriezweigen schon groß, besonders in denen, die keine bedeutende technische oder wirtschaftliche Anforderungen stellen. Aussichtsreicher als in den bestehenden Industriezentren — besonders in Buenos Aires — liegen die Verhältnisse in den Provinzen, wenn es sich um die Herstellung von für den lokalen Konsum bestimmten Artikeln handelt und für Exportfabrikate oder solche, die über den örtlichen Verbrauch hinaus hergestellt werden, günstige Transportverhältnisse vorhanden sind.

1917 belief sich der Gesamtbetrag des in der argentinischen Industrie angelegten Kapitals auf 1 788 Mill. $ m/n. Der Wert der in den einzelnen Industriezweigen verbrauchten Rohstoffe betrug 1 086 Mill. $ m/n, während der Wert der Gesamtproduktion auf 1 862 Mill. $ m/n geschätzt wird. Es sind im ganzen 48 779 industrielle Betriebe vorhanden, in denen 410 201 Personen Beschäftigung finden.

Der Handel ist in Argentinien sehr kräftig entwickelt. Er

liegt überwiegend in ausländischen Händen. Sowohl im Import- wie auch im Exportgeschäft ist die Zahl der deutschen Firmen groß.

Die wirtschaftlichen Möglichkeiten für Landarbeiter, Industriearbeiter, Handwerker, Kaufleute und Angehörige verschiedener Berufe

Auf den gleichen wirtschaftlichen Grundlagen wie die Möglichkeiten für Unternehmer, von denen in den vorhergehenden Abschnitten die Rede gewesen ist, beruhen die Aussichten, die sich dem Arbeiter in Argentinien bieten. Schon aus der Schilderung der einzelnen Zweige der argentinischen Produktion lassen sich Schlüsse auf die Art und Zahl der Arbeitskräfte und Fähigkeiten, die im Lande Verwendung finden und finden können, ziehen. Von den Möglichkeiten, die sich besonders den nach Argentinien auswandernden Arbeitern im weiteren Sinne bieten, seien hier noch die wichtigsten näher angeführt. Das größte Arbeitsfeld, das Argentinien aufweist, ist der Ackerbau. Die im Lande vorhandenen Arbeitskräfte genügen nicht, um den Boden zu bebauen und vor allem nicht, um die Ernte einzubringen. Daher strömen alljährlich tausende von Erntearbeitern, überwiegend Italiener, jedoch auch Angehörige der verschiedensten Nationen, in das Land. Das nationale Arbeitsamt, private Stellenvermittler und wohltätige Vereine, von denen für die Deutschen besonders der Verein zum Schutze germanischer Einwanderer in Frage kommt, vermitteln die Arbeitsgelegenheit. Die Arbeiter werden nach den Bestimmungen des Einwanderungsgesetzes umsonst an die Orte befördert, wo Nachfrage herrscht. Die Rückfahrt müssen sie dagegen selbst bezahlen.

Die Weizenernte beginnt im Norden der Ackerbauzone im November und wird im Januar in den südlichen Teilen beendet, so daß die Möglichkeit gegeben ist, sich zuerst im Norden und dann im Süden an den Erntearbeiten zu beteiligen. Darauf bietet der Betrieb an der Dreschmaschine Arbeitsgelegenheit, so daß Ernte und Drusch ungefähr für vier Monate Beschäftigung geben. Die Löhne wurden schon im Abschnitt über die Landwirtschaft angeführt.

Für den gewöhnlichen Erntearbeiter ist keine besondere Vorkenntnis erforderlich, sein Lohn steigert sich, wenn er mit Erntemaschinen, Lokomobilen, Motoren usw. umzugehen versteht, erheblich. Lohnbücher gibt es nicht. Das Risiko, das der Erntearbeiter läuft, liegt in dem Ernteausfall. Bei schlechten Ernten fallen die Löhne, meist aber läßt sich schon vor der Ausreise ungefähr feststellen, ob die Ernte gut oder schlecht zu werden verspricht.

Die Arbeit ist, besonders an heißen Tagen, die zu übermäßigem Genuß von Flüssigkeiten reizen, der gesundheitsschädlich werden kann, anstrengend, die freie Wohnung ist meist äußerst einfach, die Ernährung sehr gut und kräftig, jedoch für deutschen Geschmack zu fetthaltig. Das Frühstück pflegt aus mit Zucker gesüßter maté und Hartbrot (galletas), das in dem Tee aufgeweicht wird, zu bestehen. Das Mittagsmahl besteht meist in einem aus Fleisch, Hülsenfrüchten und Kartoffeln zusammengekochten, wohlschmeckenden Gericht, das ebenfalls am Abend verabreicht wird. Oft kommt dazu am Spieße gebratenes Fleisch, wovon in einzelnen Gegenden zur Erntezeit manchmal große Mengen bis zu einigen kg je Person, verteilt werden. Zuckerrohrschnaps (caña) pflegt die Ergänzung der Nahrung zu bilden. Wein und Tabak ist meist nicht in die Beköstigung einbegriffen.

Da es, abgesehen von der Möglichkeit, Tabak und Wein zu kaufen, den vielfach der Arbeitgeber feilhält, an Gelegenheit zur Ausgabe des Lohnes fehlt, so kann der Erntearbeiter während der Erntemonate, von denen die Regentage und Sonntage, an denen nicht gearbeitet wird, abzuziehen sind, ungefähr 500—600 $ m/n erspart haben, was bei einem normalen Kurs von 1,80 Mk. je 1 $ m/n rund 1000 Mk., bei einer Entwertung des deutschen Geldes um die Hälfte 2000 Mk. ausmacht.

Die Italiener pflegen mit ihren Ersparnissen nach der Ernte wieder in ihre Heimat zurückzukehren, wo sie zum Frühling wieder eintreffen und, nachdem der an Arbeitsgelegenheit arme Winter in Italien vorüber ist, dort wieder Beschäftigung finden. Die Summen, die von italienischen Erntearbeitern an Verwandte gesandt werden, dürften alljährlich 50 Mill. $ o/s betragen. Ob diese Saisonarbeit Deutschen empfohlen werden darf, wird erst die Praxis ergeben. Vorbedingung dürfte die Schaffung von Stellen sein, die über die Nachfrage Argentiniens an Erntearbeitern in Deutschland orientieren.

Gedenkt der eingewanderte Landarbeiter über die Getreideernte und Dreschzeit hinaus im Lande zu bleiben, so kann er an dem Pflügen, für das allerdings weniger Nachfrage an Arbeitskräften besteht, teilnehmen. In der Ackerbauzone beginnt die Feldbestellung im März und dauert ungefähr einen Monat. Diese Arbeit ist weniger anstrengend als die Ernte, da der Pflüger auf dem Pfluge zu sitzen pflegt. Daran anschließend kann er an der im April stattfindenden Maisernte, die viele Arbeitskräfte erfordert, teilnehmen. Diese Arbeit fällt körperliche Tätigkeit nicht gewöhnten Anfängern manchmal schwer, sie strengt das Rückgrat und die Handgelenke an. Über die Löhne bei der Maisernte wurde schon berichtet.

Der Bedarf des Ackerbaues an Arbeitskräften während der Monate Mai bis Oktober — der kühlen Jahreszeit — ist geringer als während des Sommers, da die Kolonisten mit ihren Familien soviel wie möglich selbst zu schaffen suchen. Arbeitsgelegenheit bietet sich bei Gutsbesitzern, Bauern und Pächtern für die im Abschnitt über die Landwirtschaft genannten Löhne.

Bei der Zuckerernte, die ungefähr 100 Tage lang währt, herrscht starke Nachfrage nach Arbeitskräften, jedoch nur nach billiger Arbeit. Groß ist die Zahl der Eingeborenen, die dort Beschäftigung finden. Die Arbeit ist schwer, das Klima in Tucumán, dem Zuckergebiet, ist feucht und heiß. Oft werden gerade die Neuankommenden von dem Chuchofieber, einer leichten Malariaart, befallen.

In der Viehzucht sind weniger Aussichten auf Betätigung als im Ackerbaubetrieb vorhanden. Die ständig beschäftigten Arbeiter sind meist Eingeborene, mit denen der Ausländer nur schwer konkurrieren kann. Mit der Pflege von Rassetieren Vertraute finden leichter Anstellung, ebenso Stallschweizer. Um höhere Stellungen im Viehzuchtsbetriebe, auf einer estancia also, zu erlangen, kann der Weg eingeschlagen werden, als Volontär eine Stellung zu suchen, umsonst, jedoch meist bei freier Station tätig zu sein und bei Eignung zum capataz und weiter zum mayordomo aufzurücken. Es hängt wesentlich von persönlichen Beziehungen ab, ob es gelingt, derartige Stellungen zu finden, und weiter von den persönlichen Eigenschaften, ob eine befriedigende Position erlangt wird.

Größere Nachfrage nach Arbeitskräften herrscht in Viehzuchtsbetrieben zur Zeit der Schafschur, bei der neben Scherern auch Köche, Maschinisten und andere zu den in dem Abschnitt über Schafzucht angegebenen Bedingungen Beschäftigung finden. Die Schafschur beginnt meist im September. Vielfach werden, besonders in Patagonien, Indianer dazu herangezogen.

In der Waldausbeute werden meist Einheimische verwandt, besonders Correntiner. Die Arbeit ist schwer, das Klima in den für die Waldausbeute in Betracht kommenden Gegenden heiß, oft haben die Holzfäller unter Moskitos zu leiden. Vielfach wird im Akkord gearbeitet, und die Löhne können dann 15 $ m/n täglich betragen. In den großen Holzschlägereien des subtropischen Nordens werden die Arbeiter meist durch Kontrakt auf längere Zeit, z. B. drei Jahre, besonders in Posadas, der Hauptstadt des Territoriums Misiones, angeworben. Wie auch in anderen Ländern ist in den argentinischen Holzschlägereien die Zahlung bedeutender Vorschüsse in Form von barem Geld, Kleidung und Ausrüstungsgegenständen üblich. Dieser Gebrauch hat oft zu Unzuträglichkeiten geführt. Die in der Holzindustrie in der Hauptstadt beschäftigten Arbeiter erhielten 1914 durchschnittlich einen Tageslohn von 4,27, 1915 von 3,90 und 1916 von 3,84 $ m/n.

Die Beschäftigungsmöglichkeit im Bergbau ist bei der geringen Entwicklung der Mineralausbeute beschränkt; größere Mengen von Arbeitern werden jedoch in den Steinbrüchen beschäftigt. In der staatlichen Petroleumindustrie wird über Mangel an technisch gebildeten Kräften geklagt. In neuester Zeit ist der Staat an die Einrichtung von Fachschulen gegangen, die ihm an Ort und Stelle die nötigen Kräfte ausbilden.

Die Möglichkeiten, die sich dem Arbeiter in der argentinischen Industrie bieten, sind naturgemäß beschränkter als in den eigentlichen Industrieländern. Es werden durchweg darin einheimische, italienische und spanische Arbeitskräfte gebraucht, und es liegen noch keine genügenden Erfahrungen darüber vor, ob sie auch deutschen Arbeitern nicht nur Arbeitsgelegenheit, sondern auch die Möglichkeit zum Vorwärtskommen bietet. Die Aussichten dafür sind jedoch sehr gering angesichts der weit höheren Ansprüche, die der deutsche Arbeiter, verglichen mit seinen Konkurrenten, an das Leben zu stellen gewohnt ist. Auch angesichts des Umstandes, daß sich eine große Zahl der industriellen Betriebe im Besitze englischen, französischen, belgischen und nordamerikanischen Kapitals befindet, dürfte der Versuch, dort Arbeit zu suchen, vorläufig wohl nicht anzuraten sein.

Die Löhne haben sich in Argentinien seit ungefähr 1910 nur sehr wenig geändert. Durchschnittlich verdient eine Arbeiterfamilie in der Hauptstadt 1815 $ m/n jährlich. Die Löhne für Arbeiter über 16 Jahre gestalteten sich dort im Durchschnitt der letzten Jahre, (die allerdings infolge der Kriegsverhältnisse, durch die einigen Industrien die Rohstoffzufuhr unterbunden wurde, wodurch die Nachfrage nach Arbeitskräften nachließ, nicht als normal angesehen werden können), in den verschiedenen Gewerben folgendermaßen (in $ m/n):

	Täglich			Monatlich		
	1914	1915	1916	1914	1915	1916
Lebensmittelindustrie	3,38	3,18	3,07	74,53	71,71	77,99
Buchgewerbe	3,93	3,12	2,83	94,65	84,52	82,80
Transportgewerbe	4,41	4,30	4,39	86,78	84,19	80,81
Handel	3,49	3,10	3,43	76,60	74,09	72,90
Baugewerbe	3,47	3,38	3,20	111,15	85,00	96,00
Metallindustrie	4,11	3,86	3,60	103,88	91,08	96,21
Holzindustrie	4,27	3,90	3,84	106,24	104,8	105,92
Bekleidungsindustrie	3,74	3,58	3,25	76,29	83,82	76,67
Lederindustrie	3,76	3,61	3,44	100,00	72,40	—
Verschiedene	3,08	2,69	3,03	71,83	64,76	72,76
Allg. Durchschnitt	3,81	3,64	3,66	81,71	80,52	77,91

Die Arbeitszeit betrug durchschnittlich 8 Stunden 56 Minuten zwischen einem Maximum von 9 Stunden 50 Minuten im

Handel und einem Minimum von 8 Stunden 11 Minuten im Buchgewerbe.

Die sozialen Einrichtungen sind nur wenig entwickelt. Es bestand bislang nur das Verbot der Frauen- und Kinderarbeit sowie die Sonntagsruhe, ferner eine Unfallversicherung. Gegenwärtig plant die Regierung des Präsidenten Irigoyen eine Altersversicherung. Im allgemeinen ist Industriearbeitern, die in ihrem Berufe Beschäftigung suchen, von der Auswanderung nach Argentinien abzuraten, es sei denn, daß sie in Europa von vertrauenswürdiger Seite verpflichtet und ihnen besonders günstige Bedingungen gemacht werden.

Die Aussichten für Handwerker sind je nach dem Berufe verschieden. Im allgemeinen können sie nicht günstiger als in Europa genannt werden, wenn die Beschäftigung in der Hauptstadt oder in größeren Orten erfolgt, da dort die Kosten für den Lebensunterhalt hoch sind. Günstiger liegen jedoch die Verhältnisse auf dem Lande, wo durchweg die gleichen Löhne wie in der Stadt herrschen, die Lebenshaltung jedoch weit billiger ist. Verschiedene Berufe sind von Angehörigen bestimmter Nationalitäten sozusagen monopolisiert. So findet man bei Haus-, Brücken-Bahn- und anderen Bauten fast nur Italiener angestellt, die meist im Gruppenakkord arbeiten, so daß es Angehörigen anderer Nationalität schwer gelingt, neben ihnen Beschäftigung zu finden. Auch für das Schuhmacher- und Schneiderhandwerk gilt ähnliches. Mehr Aussichten bieten sich Bäckern und Konditoren. Besser liegen die Aussichten auch für Schmiede, Schlosser und Monteure, die auch auf dem Lande gute Verdienstmöglichkeit, z. B. zur Bedienung oder Reparatur landwirtschaftlicher Maschinen, finden und Aussichten auf die Gründung einer guten Existenz haben. Nicht ungünstig sind die Aussichten für Zimmerleute, Stellmacher und Tischler. Günstig dürften die Verhältnisse für Elektrotechniker beurteilt werden können, da an zahlreichen Stellen des Landes Elektrizitätsanlagen geplant sind. An Mechanikern, Uhrmachern und Goldarbeitern pflegt Mangel zu herrschen. Auch im Druckereigewerbe, besonders in der Reproduktionstechnik, pflegen sich günstige Arbeitsmöglichkeiten zu bieten.

Der stark entwickelte Außenhandel in Argentinien, die große Zahl deutscher Firmen dort, hat Kaufleuten und Handlungsgehilfen immer einen besonderen Reiz geboten. Es ist jedoch nicht zu empfehlen, ohne feste Anstellung, sei es von drüben oder seitens einer Firma, die eine Filiale dort unterhält, die Ausreise anzutreten. Erfolgt die Ausreise trotzdem auf gut Glück, so muß sich der Handlungsgehilfe bei schlechter Wirtschaftslage auf Stellungslosigkeit gefaßt machen. Es muß daher wenigstens dringend geraten werden, so viel Mittel mitzunehmen, daß der Lebensunterhalt 2 oder 3 Monate lang und die Rückreise bestritten werden können. Das Anfangsgehalt pflegt 150—200 $ m/n zu betragen. Die Kenntnis der spanischen Sprache ist Bedingung. Die Beherrschung des Französischen, Italienischen und Englischen ist wertvoll. Tüchtigen Kräften mit Spezialkenntnissen kann sich eine Möglichkeit zum Vorwärtskommen bieten. Charakterfestigkeit und Pflichttreue sind unerläßliche Vorbedingung. Bei einer Ausreise auf gut Glück ist selbstverständlich die Mitnahme einer Familie nicht zu empfehlen. Nähere Auskunft und eventuell Arbeitsnachweis bei dem Verein für Handlungsgehilfen von 1858.

Die Arbeitsgelegenheiten für Frauen sind nicht so vielfältig wie für Männer. Ausgenommen in den eigentlichen weiblichen Berufen, ist Frauenarbeit noch nicht derart verbreitet wie in Europa. Die Mehrzahl der einwandernden weiblichen Personen pflegt Wäscherinnen zu sein, meist sind es Italienerinnen und Spanierinnen. Die Verhältnisse für weibliche Hausangestellte wie Köchinnen, Dienstmädchen, Kindermädchen sind in normalen Zeiten nicht ungünstig. In der Stadt erhalten Köchinnen ungefähr 75 $ m/n monatlich, Hausmädchen 45 $ m/n, auf dem Lande 30—50 $ m/n. Außer den berufsmäßigen Stellenvermittlungen kommen besonders für Deutsche der Verein zum Schutze germanischer Einwanderer und der Deutsche Frauenverein in Frage. Eheleuten bietet sich in einer Anzahl von Berufen die Möglichkeit zusammenzubleiben. So kommt es häufig vor, daß der Mann z. B. als Maschinist an der Dreschmaschine, als Gärtner, als Kraftwagenführer oder in ähnlicher Stellung arbeitet und die Frau in demselben Betriebe als Köchin eine Stellung findet. Über die Löhne, die Frauen in verschiedenen Zweigen des Erwerbslebens erhalten, orientieren folgende Zahlen in ($ m/n):

	Täglich			Monatlich		
	1914	1915	1916	1914	1915	1916
Lebensmittelindustrie	—	2,12	—	42,50	41,87	46,33
Buchgewerbe	—	—	1,45	—	—	—
Bekleidungsindustrie	2,38	2,28	2,35	35,00	58,33	—
Verschiedene	—	1,75	1,82	36,87	46,18	30,35
Allg. Durchschnitt	2,38	2,28	2,28	37,96	45,60	33,68

Was die Aussichten in freien Berufen betrifft, so sind sie naturgemäß beschränkt. Ingenieure finden an und für sich ein weites Betätigungsfeld, werden jedoch meist von den Unternehmern schon in der Heimat engagiert. Der fremde und im Auslande approbierte Ingenieur kann seinen Beruf frei ausüben. Rechtsanwälte mit nicht argentinischen Diplomen können ihren Beruf nur mit vorheriger, seitens der Universität oder eines hohen Gerichtshofs je nach der Provinz erteilter Erlaubnis ausüben. Derjenige, der die Gegenseitigkeitsverpflichtung seines Staates nachweisen kann, hat das Recht, anstatt aller anderen sich einer allgemeinen Prüfung zu unterwerfen, welche in der Hauptsache Materien des argentinischen Gesetzbuches zum Thema hat. Kann er diese Gegenseitigkeitsverpflichtung nicht nachweisen, so wird er als einfacher Student betrachtet und hat sich allen jenen Prüfungen zu unterziehen, die der Studienplan vorsieht. Von einem im Auslande graduierten Argentiner wird diese Gegenseitigkeitsverpflichtung nicht verlangt.

Die Bestimmungen über die Zulassung von ausländischen Ärzten zur Praxis in Argentinien sind in dem Artikel VIII der am 1. März 1908 in Kraft getretenen Statuten über die medizinischen Studien, Prüfungen und die entsprechenden Ausweise enthalten. Sie lauten:

a) Ausländische Ärzte haben zwecks Zulassung zur Praxis in Argentinien ihre Zeugnisse revalidieren zu lassen. Die Prüfungen, die mit dieser Erneuerung der Zeugnisse verbunden sind, müssen Fach für Fach in der Reihenfolge und Form abgelegt werden, wie sie durch dieses Reglement für die Studierenden der medizinischen Fakultät vorgeschrieben sind.

b) Die Ausweise über diese Prüfungen lauten „Aprobado" und „Desaprobado", d. h. „Bestanden" oder „Nicht bestanden";

c) wenn eine Prüfung verschoben wird, kann sie nach drei Monaten wiederholt werden.

d) Die Prüfungen finden in den Monaten März, Juli und Dezember statt.

Für argentinische oder ausländische vor der Prüfung naturalisierte Ärzte mit ausländischem Diplom liegen die Verhältnisse günstiger. Auf sie bezieht sich der 9. Artikel der Prüfungsordnung, der folgenden Wortlaut hat:

Das einzige Examen, das zur Revalidierung der an Argentiner von europäischen Universitäten ausgestellten Diplome gemäß Gesetz 4416 gefordert wird, hat folgende Form:

Art. 1. Die Prüfung wird abgelegt vor einer Kommission, die aus fünf Mitgliedern, worunter vier Professoren, besteht.

Art. 3. Für jeden einzelnen Fall wird die Kommission vom Dekan ernannt.

Art. 4. Die Prüfung dauert für jeden Kandidaten höchstens zwei Stunden und besteht:

a) aus der Untersuchung dreier Fälle, nämlich einem aus der medizinischen Klinik oder deren Spezialabteilungen, einem aus der äußeren Pathologie und deren Spezialabteilungen und einem aus der geburtshilflichen Klinik. Für jede dieser Untersuchungen darf der Kandidat 30 Minuten beanspruchen;

b) aus einer mündlichen Prüfung, in welcher der Kandidat seine Fälle erklärt, und während der ihm die Examinatoren alle auf diese sich beziehenden nötigen Fragen stellen. Auch kann der Kandidat gehalten werden, die für die Diagnose nötigen Untersuchungen im Laboratorium praktisch auszuführen.

Die Möglichkeiten für Lehrer und Lehrerinnen Stellungen zu finden, sind naturgemäß beschränkt. Engagements seitens der argentinischen Regierung in Deutschland sind vor dem Kriege vorgekommen, jedoch bilden diese Fälle nur Ausnahmen. Auch die Nachfrage seitens der deutschen Schulen, von denen die wichtigsten in Argentinien die Germaniaschule (Elementar-, Real- und Mädchenschule), die höhere Knabenschule von Belgrano (Buenos Aires), die Schule des deutschen Schulvereins in Buenos Aires, die desselben Vereins in Córdoba und eine weitere in Bahia Blanca zu nennen sind, ist naturgemäß beschränkt. Nähere Auskunft erteilte im Frieden die Ortsgruppe des Allgemeinen Deutschen Schulvereins in Hamburg. Stellungen als Privatlehrer sind auf dem Lande nicht selten, und die Gehälter, die jedoch nach dem einzelnen Fall sehr wechseln, pflegen im Durchschnitt gering zu sein, vielfach geringer als die, welche Landarbeiter erhalten. Im allgemeinen muß Lehrern und Lehrerinnen, die sich der Lehrtätigkeit widmen wollen, von der Auswanderung abgeraten werden, wenn sie nicht mit vertrauenswerten Persönlichkeiten feste Verträge abgeschlossen haben.

Für Militärs sind die Aussichten, im argentinischen Heer oder in der Marine Kommando- oder Verwaltungsstellen zu erhalten, sehr gering.

Einige Angaben über die Kosten der Lebenshaltung mögen diesen Abschnitt beschließen. Es waren folgende Preise, die sich für 1 kg bezw. 1 l in $ m/n verstehen, im Kleinhandel während der letzten Jahre in der Hauptstadt zu verzeichnen:

	Rindfleisch	Hammelfleisch	Schweinefleisch
1914	0,39	0,24	0,58
1915	0,41	0,29	0,46
1916	0,43	0,32	0,52
1916	0,40	0,33	0,80

	Speck	Speise-Öl	Mehl	Brot
1914	0,59	1,36	0,16	0,20
1915	0,56	1,35	0,20	0,24
1916	0,59	1,36	0,17	0,22
1917	0,83	1,63	0,26	0,29

	Milch	Reis	Zucker	Kartoffeln	yerba maté
1914	0,17	0,31	0,39	0,11	0,64
1915	0,15	0,38	0,40	0,15	0,64
1916	0,16	0,38	0,40	0,07	0,62
1917	0,15	0,49	0,67	0,16	0,61

	Chin. Tee	Kaffee	Wein	Tabak
1914	3,04	1,15	0,26	0,96
1915	3,11	1,03	0,25	0,95
1916	3,19	0,96	0,27	0,99
1917	4,65	0,96	0,31	0,97

Wie man sieht, hat die Mehrzahl der für den Lebensunterhalt notwendigen Artikel eine Preissteigerung erfahren. Verglichen mit dem ungeheuren Anziehen der Preise für die gleichen Artikel in den meisten der europäischen Länder haben sie sich jedoch nur wenig geändert. Vor dem Kriege mußten die Lebensmittelpreise in Argentinien als verhältnismäßig hoch bezeichnet werden. Gegenwärtig jedoch kann die Republik eher als billiges denn als teures Land gelten.

Kleidung ist durchweg teuer, im Frieden kostete sie ungefähr das Doppelte wie in Europa. Die Mieten sind verhältnismäßig hoch, sind jedoch in den letzten Jahren zurückgegangen. Bessere möblierte Zimmer kosten in Buenos Aires 30—50 $ m/n, kleinere Familienhäuser von 2—6 Zimmern, manchmal mit Garten, 60 bis 150 $ m/n, Wohnungen mit allen Bequemlichkeiten mit 5, 7 oder 12 Zimmern 200, 280 bezw. 360 $ m/n. monatlich. Pension in einfacheren Gasthäusern kostet 3 $ m/n täglich, bei Privaten 55, 60 und 65 $ m/n für Ledige, 110, 120, 180 $ m/n für Eheleute. Auf dem Lande und in den kleinen Provinzstädten pflegen die Preise für die meisten Lebensmittel und auch für die Mieten niedriger als in der Hauptstadt zu sein.

Praktische Ratschläge

Daß Argentinien einer großen wirtschaftlichen Zukunft entgegengeht, kann nicht zweifelhaft sein. Wahrscheinlich wird seine Anziehungskraft, die es schon seit Jahrzehnten für ausländisches Kapital und für fremde Arbeitskräfte besitzt, nocn wachsen. Die, die ihre Existenz in einem derartigen Lande gründen, werden von der allgemeinen Entwicklung natürlich nicht in allen Fällen Vorteil ziehen können. Auch innerhalb der günstigsten Konjunkturen können einzelne Existenzen in ihrer Entwicklung stehen bleiben, zurück- und auch zu Grunde gehen. Derart liegen die Verhältnisse nicht in aller Welt. In Europa, vor allem in Deutschland, hat der Sozialismus darin eine sehr deutliche Wandlung geschaffen. Der einzelne kann bei uns im weitgehendsten Maße darauf rechnen, daß sich die Allgemeinheit, der Staat, seiner annimmt, wenn er bei dem Kampf ums Dasein zu unterliegen droht. Die soziale Gesetzgebung vor allem schützt ihn in Zeiten der Not. In Argentinien sind wohl Ansätze für eine sozialistische Entwicklung zu bemerken, in Wahrheit jedoch beherrscht dort der Individualismus das Feld. Jeder muß dort auf festen Füßen stehen, sich auf seine eigene Kraft verlassen und meist härter kämpfen, um vorwärts zu kommen, als in der Heimat. Es herrscht auf allen Gebieten des Wirtschaftslebens in Argentinien eine lebhafte Konkurrenz. Es bedarf einer starken Gesundheit, eines kräftigen Willens, nicht zuletzt auch der Anspruchslosigkeit, um vorwärtszukommen.

Daß sich dabei die Fremden von vornherein den Eingeborenen und besonders die Germanen auch den romanischen Einwanderern gegenüber notgedrungen im Nachteile befinden müssen, ist verständlich. Italienische und spanische Auswanderer, die ihre Schritte nach Argentinien lenken, haben den Vorteil, drüben eine große Kolonie von Landsleuten, vielfach auch Verwandten und Bekannten zu finden. Die Zahl der Deutschen in Argentinien ist viel geringer als die der romanischen Einwanderer. Sie kann immerhin doch auf 50000, die der Deutschsprechen- auf 100000 geschätzt werden, von denen die Mehrzahl in der Hauptstadt als Kaufleute und Unternehmer und die übrigen im Innern als Landwirte tätig sind. In Buenos Aires sind die Deutschen zu zahlreichen Vereinen zusammengeschlossen und erfreuen sich durchweg eines gesunden Wohlstandes und allgemeiner Achtung. Die deutschen Landwirte wohnen zerstreut im Innern, besonders in den Provinzen Buenos Aires und Santa Fé. In letzterer Provinz finden sich auch die durchweg blühenden germanischen Siedelungen von Esperanza, San Carlos Sud, Grüttly, Progreso, San Jeronimo und Felicia. Das deutsche Kapital, das vor dem Kriege auf ungefähr 1 Milliarde geschätzt wurde, ist durch die Deutsch-Überseeische Elektrizitätsgesellschaft — das größte deutsche Auslandsunternehmen, in dem allein 250 Mill. Mark angelegt sind — durch die Deutsch-Überseeische Bank und die Deutsch-Südamerikanische Bank, ferner in der Quebracho-, Zucker-, Wein-, Bier- und graphischen Industrie, weiter im Großgrundbesitz und besonders im Großhandel sowie in der Küstenschiffahrt vertreten.

Erleichtert wird das Vorwärtskommen durch die Kenntnis der spanischen Sprache, deren Erlernung dringend empfohlen werden muß. Daß Empfehlungen, die womöglich in der Heimat zu beschaffen sind, Vorteile bieten können, ist selbstverständlich. Gänzlich Mittellosen ist von der Auswanderung nach Argentinien abzuraten. Jeder sollte über genügend Geld verfügen, um sich wenigsten einige Monate lang ohne Stellung erhalten und um die Rückreise bezahlen zu können. Daß die deutsche Mark gegenwärtig sehr stark entwertet ist, muß dabei besonders berücksichtigt werden. Während vor dem Kriege 1 $ m/n 1,80 Mk. und 1 $ o/s 4,05 Mk. kosteten, dürfte augenblicklich 1 $ o/s 9 Mk., 1 $ m/n 4 Mk. werten. Notierungen sind noch nicht erhältlich.

Über die Reisemöglichkeit mit deutschen Schiffahrts-Linien, die der Auswanderer aus naheliegenden Gründen natürlich fremden Linien vorziehen wird, Angaben zu machen, ist augenblicklich ebenso verfrüht wie über die Aussichten der Beförderung mit nicht deutschen Schiffen. Auch über die Kosten der Überfahrt lassen sich nur allgemeine Angaben machen. Diese sind weit höher als vor dem Kriege. Über Holland dürften einschließlich aller Unkosten, selbst für Zwischendecker 1000 Mk., zweiter Klasse 4000 Mk., erster Klasse wohl 7000 Mk. nötig sein.

Was die Ausrüstung für Zwischendecksauswanderer anbetrifft, so braucht sie weder besonders reichhaltig noch neu zu sein. Die Mitnahme von Messern, Gabeln, Löffeln, Bett- und Tischleinen, Küchengeräten, leichtem Handwerkszeug, Nähmaschinen und kleineren Haushaltsgegenständen kann empfohlen werden. Von der Mitnahme von Möbeln ist dagegen abzuraten. Es wird den Auswanderern empfohlen, alle ihre Kleidungsstücke, sowohl alte als neue, mit sich zu nehmen. Für Männer empfehlen sich 2 Paar Stiefel, 1 starker Anzug, 2 Paar weiße Hosen, 1 Tuchmütze, 1 breitrandiger Stroh- oder Filzhut, 1 Paar Haus- oder Segeltuchschuhe, 1 Mantel, Taschentücher, 6 Teile von jeder Art Unterzeug, Handtücher und ein starker Segeltuchkoffer. Für Frauen wird die Mitnahme von 2 Paar starken Schuhen, eines warmen und zweier baumwollener Kleider, 1 breitrandigen Stroh- oder Filzhutes, 1 enganschließenden Hutes, 1 Paar Hausschuhen 1 Mantels oder Schals, Taschentüchern, Handtüchern, Nähzeug und 6 Teilen von jeder Art Unterzeug sowie ebenfalls eines Segeltuchkoffers empfohlen. Für Kinder würde man gut tun, einen warmen Mantel, 2 Paar starke Schuhe, 2 warme Anzüge und 6 bis 9 Teile jeder Art von Unterzeug mitzunehmen. 3 oder mehrfarbige Sergehemden für Männer und Flanellzeug für Kinder und Frauen können nützlich sein.

Drüben wendet sich der Auswanderer zwecks Information besonders an den Verein zum Schutze germanischer Einwanderer (Sociedad protectora de inmigrantes germanicos, Buenos Aires, Calle Viamonte 451), der kostenlose Auskunft erteilt und auch Stellen vermittelt. Der Deutsch-Argentinische Centralverband zur Förderung wirtschaftlicher Interessen beabsichtigt, in Buenos Aires ebenfalls eine Beratungsstelle, deren nähere Adresse heute noch nicht bekannt ist, einzurichten. An Gasthäusern pflegte vor dem Kriege das Hotel Deutscher Bund, Buenos Aires, Paseo de Julio 420, von deutschen Einwanderern bevorzugt zu werden. Vor unverantwortlichen Ratgebern und unbekannten, hilfsbereiten Freunden, darunter leider auch Landsleuten, muß gewarnt werden. Einwanderer, die über Mittel verfügen, hinterlegen diese am besten bei einer der beiden deutschen Banken.

Adressen-Tafel

Argentinische Konsulate:

Deutschland:

Hamburg, Generalkonsul Sommer, Spitalerstr. 12.
Berlin, Konsul Ant. M. Candioti, Augsburgerstr. 53.
Bremen, Verweser Fr. Ochoa, Sögestr. 23.
Leipzig[1], Vize-Konsul Curt Berger, Nonnenmühlgasse 2/4.
Hildesheim[1], Vize-Konsul Prof. Dr. Hauthal.
Düsseldorf, Vize-Konsul Rod. v. Colditz, Brehmstr 30.
Stuttgart, Vize-Konsul Eug. Hoffmann, Neue Weinsteige 10.
Cöln, Vize-Konsul J. Denker, Mozartstr. 19.
Kiel[1], Vize-Konsul Felipe Lieder, Mühlenhof 6.
Wiesbaden, Frankfurt a. M., } Vize-Konsul Ernesto Sommer, Lessingstr. 10.
Königsberg, Vize-Konsul Leopold Less, Tragheimer Kirchenstr. 35.

Dänemark:

Kopenhagen, Aarhus.

Holland:

Amsterdam, Rotterdam.

Schweden:

Stockholm, Göteburg, Helsingburg, Stromstad, Kristianstad, Norkoping, Gäfle, Malmö.

Norwegen:

Kristiania, Kristiansund, Stavanger, Bergen, Drontheim.

Schweiz:

Genf, Lausanne, Bellinzona, St. Gallen, Zürich, Bern, Luzern, Aarau, Solothurn, Basel, Lugano

Deutsche und schweizer diplomatische und konsularische Vertretungen in Argentinien

Deutsche Gesandtschaft: Geschäftsträger Legationsrat Graf Dönhoff, Calle Vicente Lopez 71. Geschäftsstunden 11—3 Uhr.
Deutsches General-Konsulat: Calle Balcarce 278. Geschäftsstunden 11—3 Uhr.
Schweizerische Gesandtschaft: Calle Maipú 789. Geschäftsstunden 9—12 Uhr.
Schweizerisches Konsulat: Calle Maipú 789. Geschäftsstunden 9—12 Uhr.

---

[1] Während des Krieges geschlossen, treten vor Friedensschluß nicht wieder in Funktion.

Deutsche, schweizerische und österreichische Vereine in Buenos Aires

Allgemeine Deutsche Krankenunterstützungs-Kasse, Calle Rincon 1141.
Argentinischer Verein zur Bekämpfung des Mädchenhandels
Argentinischer Verein deutscher Ingenieure.
Christlicher Verein junger Männer, Calle Moreno 452.
Deutsch-evangelische Gemeinde.
Deutsche Sing-Akademie.
Deutscher Frauenverein (mit Mädchenheim), Calle Mansilla 659.
Deutscher Hilfsverein, Calle Balcarce 278.
Deutscher Hospital-Verein.
Deutscher Katholiken-Verein, Calle Mansilla 1655.
Deutscher Klub, Calle Córdoba 731.
Deutscher Krankenverein.
Deutscher Kriegerverein, Calle Cangallo 446.
Deutscher Lehrerverein, Calle Ecuador 1162.
Deutscher Männer-Gesangverein, Calle Cuyo.
Deutscher Techniker-Verein, Royalkeller.
Deutscher Theater-Verein.
Deutscher Schulverein Barracas al Norte, Universidad 1260.
Deutscher Schulverein Belgrano, Cuba 614.
Deutscher Schulverein Buenos Aires, Cangallo 2169.
Deutscher Turnverein.
Deutscher wissenschaftlicher Verein, Calle Cangallo 2169.
Deutscher Verein Buenos Aires.
Deutscher Verein Belgrano.
Deutsches Seemannsheim.
Evangelischer Verein der La Plata-Staaten.
Genossenschaft des Buchgewerbes, Calle Rincon 1141.
Germanischer Verein Belgrano.
Germanischer Verein für Rechtsschutz, Calle Tucumán 307.
Gesangverein Eintracht, Montes de Oca 678.
Gesangverein Germania.
Internationaler Jäger-Verein.
La Plata-Synode.
Ruderverein Teutonia in Tigre.
Verein Concordia.
Verein deutschsprechender Gärtner, Calle Victoria 1441.
Verein für Handlungs-Kommis von 1858, Calle San Martin 132.
Verein Vorwärts, Calle Rincon 1141.
Verein zum Schutze germanischer Einwanderer (Sociedad protectora de inmigrantes germanicos), Calle Viamonte 451.

Österreichischer Hilfsverein Franz Josef.
Österreichische Krankenkasse.
Österr.-ungarischer Geselligkeits-Verein, Corrientes 302.

Österr.-ungarischer Klub, Calle Bernardo Irigoyen 557.
Ungarische Landes-Organisation, Calle Libertad 369.

Beneficencia, schweizerischer Hilfsverein, Tucumán 307.
Filantropica, schweizerischer Hilfs- und Krankenverein, Calle Rodriguez Pena 254.
Helvetia, schweizerischer Hilfs- und Krankenverein, Calle Tucumán 307.
Schweizer Männerchor, Calle San Martin 115.
Schweizer Schützenverein.
Schweizerischer Turnverein Sociedad de hijas de Helvecia
Sociedad Federal Suiza.

Deutsche Logen

Aurora, Calle Cangallo 1242.
Germania.
Teutonia 1858, Calle Cangallo 1242.

Deutsche Zeitungen

„Deutsche La Platazeitung" mit Wochenausgabe.
„Deutsche La Plata-Post".
„Argentinisches Tageblatt" mit Wochenausgabe.
„Argentinisches Wochenblatt".
„Deutsches Volksblatt".
„Deutsche Volkszeitung".
„Am Rio de la Plata".
„Argentinischer Volksfreund", katholisches Wochenblatt.
„Buenos Aires Handelszeitung".

Deutsche Banken

Deutsche Überseeische Bank (Banco Alemán Transatlántico) in Buenos Aires, Calle Bartolomé Mitre, Ecke Reconquista und Calle Callao, Ecke Corrientes, Calle Santa Fé, Ecke Lauca und Calle Buen Orden 1388. Filialen in Bahia Blanca, Córdoba, Mendoza, Rosario de Santa Fé und Tucumán.
Deutsch-Südamerikanische Bank. A. G. (Banco Germanico de la America del Sud) Buenos Aires.

Auskunftsstellen in Deutschland

Reichsamt für deutsche Einwanderung, Rückwanderung und Auswanderung (Reichswanderungsamt), Berlin, Wilhelmstr. 71.
Deutsch-Argentinischer Centralverband zur Förderung wirtschaftlicher Interessen, Berlin W 15, Kurfürstendamm 220 und Buenos Aires.
Ibero-amerikanisches Institut, Hamburg, Rothenbaumchaussee 36.

Deutsch-Südamerikanisches Institut, Köln a/Rh., Claudiusstr. 1.
Verein für das Deutschtum im Auslande, Berlin W 62, Kurfürstenstr. 105, Ortsgruppe Hamburg, Deichstr. 41.
Evangelischer Hauptverein für deutsche Ansiedler und Auswanderer, Witzenhausen a. d. Werra.
Vereinigung für koloniale Siedlung, Berlin W 10, Königin Augustastraße 43.[1]
Hamburger ev. luth. Auswanderermission, Hamburg 13, Behnstraße 14.
Behörde für Auswandererwesen, Hamburg, Pickhuben 1.
Auskunftsbüro der Deutschen Kolonialgesellschaft, Berlin W, Am Karlsbad 10.
San Raphaelverein zum Schutz der katholischen Auswanderer, Limburg a. d. Lahn.
Zentralverein für Handelsgeographie und Förderung deutscher Interessen, Berlin W, Derfflingerstr. 4.
Deutsches Auslandsmuseum in Stuttgart, Königstr. 15.

Wichtigste Literatur über Argentinien

Von der zahlreichen deutschen und fremdsprachlichen Literatur über Argentinien seien hier einige der wichtigsten Werke sowie verschiedene Veröffentlichungen, die für das vorliegende Heft besonders herangezogen wurden, genannt:

A. N. Schuster: Argentinien. Land, Volk, Wirtschaftsleben und Kolonisation. 2 Bände. Verlag Jos. C. Huber, Diessen vor München 1913.

Wilhelm Schmidt, Bremen und Dr. phil. Christian Groewold Berlin-Steglitz: Argentinien in geographischer, geschichtlicher und wirtschaftlicher Beziehung. Verlag Hahnsche Buchhandlung, Hannover 1912.

Max Josef von Vacano: Buntes Allerlei aus Argentinien. Streiflichter auf ein Zukunftsland. Verlag Dietrich Reimer (Ernst Vohsen), Berlin 1905.

Dr. Georg Hiller: Einwanderung und Einwanderungspolitik in Argentinien. Verlag Dietrich Reimer (Ernst Vohsen), Berlin 1912.

Christoph Freiherr Senfft von Pilsach: Landwirtschaftliche Verhältnisse in Argentiniens Ackerbauzone. Verlag Dr. Franz Ledermann, Berlin-Friedenau 1913.

Emil Teuber: Landwirtschaftliche Unternehmungen in Argentinien. Verlag der Königl. Hofbuchdruckerei Trowitzsch & Sohn, Frankfurt a. O. 1912.

Martinez und Lewandowski: Argentinien im 20. Jahrhundert.

Sachregister

ARG

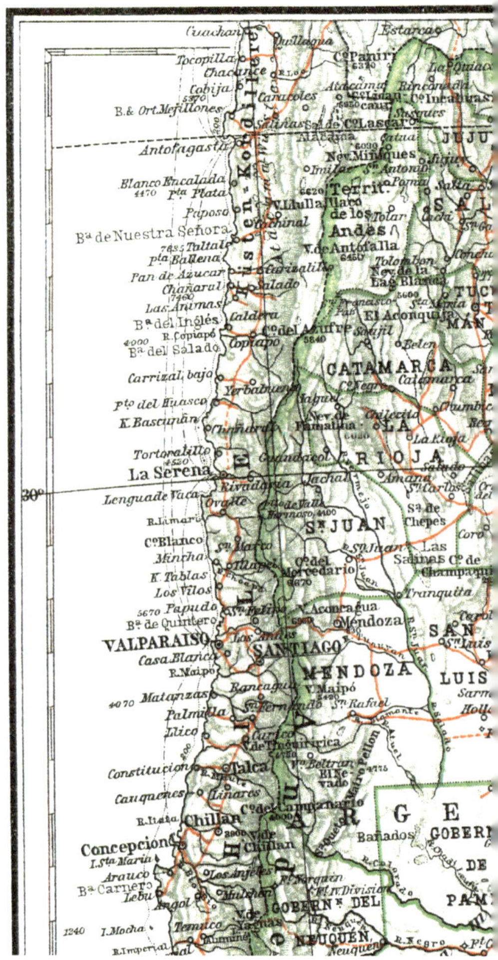

Tocopilla
Cobija
B.& Ort.Mejillones
Antofagasta
Blanco Encalada
Paposo
Bª de Nuestra Señora
Taltal
Pan de Azucar
Chañaral
Las Animas
Bª del Inglés
Bª del Salado
Caldera
Copiapó
Carrizal bajo
Ptº del Huasco
La Serena
30°
Lengua de Vaca
Ovalle
Cº Blanco
Los Vilos
Papudo
Bª de Quintero
VALPARAISO
Casa Blanca
SANTIAGO
Matanzas
Constitucion
Talca
Linares
Chillan
Concepcion
Arauco
Bª Carnero
Lebu
Angol
Temuco
I.Mocha
Caracoles
Territ.
de los
Andes
V.de Antofalla
El Aconquija
CATAMARCA
Catamarca
RIOJA
La Rioja
Sª de Chepes
Sª JUAN
Las Salinas
Aconcagua
Mendoza
MENDOZA
SAN
LUIS
Cº del Mercedario
Bañados
GOBERN
DE
NEUQUEN
Neuquen
R.Negro

IEN

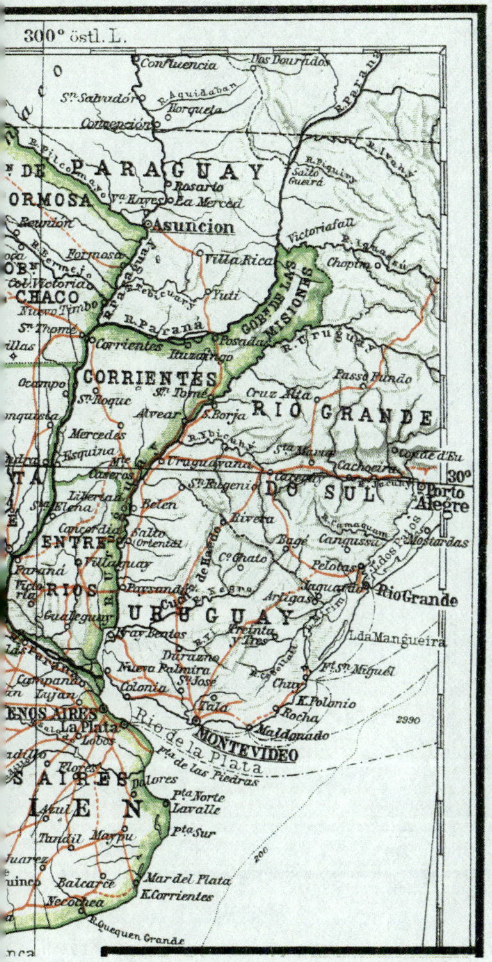

300° östl. L.
Confluencia
Dos Dourados
Sn. Salvador
R. Aquidaban
Horqueta
Concepcion
R. Parana
R. Ivahy
PARAGUAY
Rosario
La Merced
Villa Rica
Asuncion
Victoriafall
R. Iguassu
Chopim
Yuti
Formosa
CHACO
Nuevo Timbo
R. Parana
Corrientes
Posadas
GOBno DE LAS MISIONES
R. Uruguay
Ituzaingo
CORRIENTES
Passo Fundo
Cruz Alta
Sn. Tomé
S. Borja
RIO GRANDE
Alvear
Mercedes
Esquina
R. Ibicuhy
Sta. Maria
Conde d'Eu
Cachoeira
Uruguayana
Sn. Eugenio
DO SUL
Porto Alegre
30°
Belen
Rivera
Bagé
Canguassu
Mostardas
Concordia
Salto Oriental
ENTRE
RIOS
Villaguay
Paraná
C° Grato
Pelotas
Jaguarão
Rio Grande
Paysandú
Artigas
URUGUAY
Gualeguay
Fray Bentos
Treinta y Tres
Lda Mangueira
Durazno
Nueva Palmira
Pt. Sn. Miguel
Colonia
Sn. José
Chuy
K. Polonio
Campana
Lujan
Tala
Rocha
La Plata
MONTEVIDEO
Maldonado
2990
Rio de la Plata
Pta. de las Piedras
Lobos
Dolores
Pta. Norte
Lavalle
Azul
Pta. Sur
Tandil
Maypu
200
Mar del Plata
Balcarce
K. Corrientes
Necochea
R. Quequen Grande

Maßstab 1:16.000.000

L.Friederi

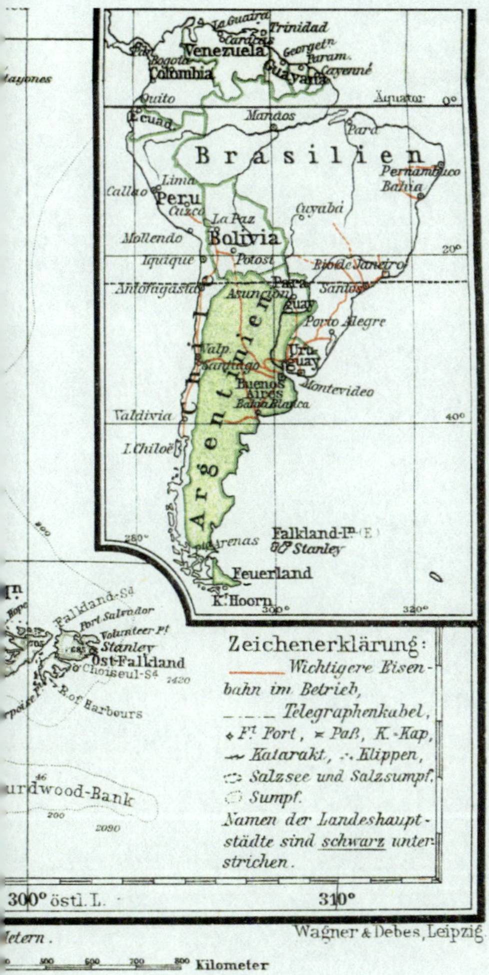
Trinidad
La Guaira
Caracas
Venezuela
Bogotá
Colombia
Georgetn
Param.
Cayenne
Guayana
Quito
Äquator 0°
Ecuad.
Manaos
Pará
Brasilien
Pernambuco
Bahia
Lima
Callao
Peru
Cuzco
La Paz
Cuyabá
Mollendo
Bolivia
Potosí
20°
Iquique
Rio de Janeiro
Antofagasta
Para
Asuncion
guay
Santos
Porto Alegre
Chile
Argentinien
Valp.
Santiago
Uru
guay
Buenos
Aires
Montevideo
Bahia Blanca
Valdivia
40°
I. Chiloë
280°
Falkland-In (E)
Stanley
Feuerland
K. Hoorn
300°
320°
Falkland-Sd
Port Salvador
Volunteer Pt
Stanley
Ost-Falkland
Choiseul-Sd
Harbours
urdwood-Bank
Zeichenerklärung:
Wichtigere Eisenbahn im Betrieb,
Telegraphenkabel,
Ft Fort, Paß, K. Kap,
Katarakt, Klippen,
Salzsee und Salzsumpf,
Sumpf.
Namen der Landeshauptstädte sind schwarz unterstrichen.
300° östl. L.
310°
Wagner & Debes, Leipzig.
Kilometer

mburg.

FSC
www.fsc.org
MIX
Papier | Fördert gute Waldnutzung
FSC® C083411

Zeitfracht Medien GmbH
Ferdinand-Jühlke-Straße 7
99095 Erfurt, Deutschland
produktsicherheit@kolibri360.de